Andreas Voigt

Theorie der Zahlenreihen und Reihengleichungen

Andreas Voigt

Theorie der Zahlenreihen und Reihengleichungen

ISBN/EAN: 9783955621001

Auflage: 1

Erscheinungsjahr: 2013

Erscheinungsort: Bremen, Deutschland

@ Bremen-university-press in Access Verlag GmbH, Fahrenheitstr. 1, 28359 Bremen. Alle Rechte beim Verlag und bei den jeweiligen Lizenzgebern.

Voigt, Andreas

Theorie der Zahlenreihen und Reihengleichungen

Leipzig 1911
G. J. Göttensche

Inhalt.

Erster Teil.
Die Zahlenreihen.
I. Die arithmetischen Zahlenreihen.

		Seite
§ 1.	Die Bildung der arithmetischen Zahlenreihen	1
§ 2.	Die Formanten	2
§ 3.	Zweite Art der Bildung arithmetischer Reihen	3
§ 4.	Die Formanten nach dem zweiten Bildungsgesetz	5
§ 5.	Die Erweiterung des Formantenbegriffes	6
§ 6.	Formanten mit gebrochenen Termen	10
§ 7.	Produktengleichungen der Formanten	10
§ 8.	Größe der Formanten	12
§ 9.	Darstellung der Reihen, ihrer Differenzen und Summen mittels Formanten	13
§ 10.	Zusammengesetzte arithmetische Reihen	15
§ 11.	Die arithmetischen Reihen definiert durch eine endliche Anzahl ihrer Glieder	16
§ 12.	Die arithmetische Reihe als Summe arithmetischer Reihen gleicher Ordnung	18
§ 13.	Binomische Formanten	19
§ 14.	Differenzen und Summen von Formanten	20
§ 15.	Die Umformung der Reihenformen	21
§ 16.	Voneinander abhängige Reihen	24
§ 17.	Substitutionen in arithmetische Reihen	25
§ 18.	Arithmetische Reihen mit gebrochenen Termen und Konstituenten	26
§ 19.	Die Darstellung der arithmetischen Reihen durch Potenzpolynome	27
§ 20.	Verwandlung von Formanten in Potenzpolynome	28
§ 21.	Verwandlung von Potenzen in Polyforme	30
§ 22.	Symmetrische Reihen	33
§ 23.	Allgemeine Eigenschaften der Reihen, insbesondere der arithmetischen	39

II. Die Zahlenreihen mit unbegrenzten Formen.

§ 24.	Unbegrenzte Formen	42
§ 25.	Exponentialreihen	44
§ 26.	Metarithmetische Reihen	46
§ 27.	Arithmetische Reihen mit Beziehungen zu nichtarithmetischen	47

Zweiter Teil.
Die Beziehungen der Reihen.

§ 28.	Beziehungen von Zahlen zu Zahlenreihen	51

I. Die Beziehungen einzelner Zahlen zu Zahlenreihen.

§ 29.	Die Lage einer Zahl in einer Reihe	51
§ 30.	Die Lösung von Limitationen und von Gleichungen	53

Inhalt.

Seite

§ 31. Die Zerlegung der Reihen in Strecken 56
§ 32. Die Schnittgleichungen 58
§ 33. Die Reihenformen als Produkte von Formen erster Ordnung 59
§ 34. Reihennetze und deren Gleichungen 60
§ 35. Die Beziehungen zweier Reihennetze 63
§ 36. Die binomische Lösung der Gleichungen 65
§ 37. Die Lösung der numerischen Gleichungen 69

II. Die Beziehungen der Reihen zueinander.

A. Allgemeines.

§ 38. Die Lage einer Reihe in einer anderen 72
§ 39. Die Gliederung der Restreihe 76
§ 40. Die Vertauschung der Rollen der Reihen 77
§ 41. Die allgemeine Form der algebraischen Reihengleichungen . . . 78

B. Reihengleichungen erster Ordnung.

1. Allgemeine Reihengleichungen erster Ordnung.

§ 42. Die Lösung der Gleichungen mit Hilfe ihrer Teilgleichungen . . . 80
§ 43. Die Lösung der Teilgleichungen 81
§ 44. Die Teilbarkeit der Formanten 82
§ 45. Die Periodizität der Reste 87
§ 46. Die Symmetrie der Reste 89
§ 47. Die Zusammensetzung der Restreihen 90

2. Reihengleichungen ersten Grades.

§ 48. Die Staffelung der Reihen der Reste und Defekte 90
§ 49. Die Perioden der Reste 92
§ 50. Die Berechnung der Restreihe 93
§ 51. Reihengleichungen ersten Grades mit drei Unbekannten 96

3. Die Formantenreste.

§ 52. Die Bildung der Reste in aus Faktoren zusammengesetzten Moduln aus den Resten in den Faktoren der Moduln 99
§ 53. Formantenreste in Primzahlmoduln 100
§ 54. Die Staffelung der Reihen der Elementarreste 100
§ 55. Perioden der Formantenreste in nichtprimen Moduln 101

C. Reihengleichungen höherer Ordnung.

§ 56. Einteilung der Gleichungen 103
§ 57. Allgemeine Form und Eigenschaften der Restreihen 103
§ 58. Heteronome Reihengleichungen ersten Grades 107
§ 59. Verkürzte Restreihen 108
§ 60. Restreihen höherer Stufe und die Revolvenz der Reihen 109
§ 61. Reduzierbare Gleichungen 113
§ 62. Klassen lösbarer Gleichungen 114
§ 63. Die Ableitung neuer Lösungen einer Gleichung aus einer gegebenen . 118
§ 64. Die Fundamentalgleichungen zweiten Grades 121
§ 65. Die allgemeine Gleichung zweiten Grades 124
§ 66. Die Beurteilung der Lösbarkeit der Reihengleichungen 126

Anhang.

Tabellen aller ein- bis sechsstelligen Formanten zweiter bis elfter Ordnung 127

Erster Teil.

Die Zahlenreihen.

I. Die arithmetischen Zahlenreihen.

§ 1. Die Bildung der arithmetischen Zahlenreihen.

Es sei eine Reihe von $s+1$ rationalen Zahlen gegeben, die durch
$$v_0^0, \; v_1^0, \; v_2^0, \; v_3^0, \ldots v_s^0$$
bezeichnet werden sollen. Aus ihr bilden wir eine zweite Reihe
$$v_1^0, \; v_1^1, \; v_2^1, \; v_3^1, \ldots v_s^1$$
nach dem Gesetz $v_r^1 = \sum_0^r v_i^0$. Jedes Glied der beiden Reihen hat zwei ganzzahlige Indizes, von denen wir den oberen den **Term**, den unteren die **Ordnungszahl** nennen. — Wir fahren nun fort nach dem analogen Gesetz der fortschreitenden Addition weitere Reihen mit höheren Termen zu bilden ohne Grenzen.

Denken wir uns nun die Gesamtheit der Reihen als eine zweifach ausgedehnte Mannigfaltigkeit von Zahlen so angeordnet, daß die Glieder jeder Reihe horizontale **Zeilen**, die gleicher Ordnungszahl vertikale **Kolonnen** bilden, so stellen die letzteren, welche einseitig unendlich sind, arithmetische Reihen dar, die wie nach ihrer Ordnungszahl als Reihen 0-ter, erster, zweiter usw. Ordnung bezeichnen. Die höchste arithmetische Reihe des Systems ist also s-ter Ordnung.

Die Eigenschaften dieser Reihen ergeben sich aus ihrem allgemeinen Bildungsgesetz

(1) $\qquad v_r^n = \sum_0^r v_i^{n-1} \qquad \text{oder} \qquad v_r^{n+1} = \sum_0^r v_i^n.$

Zunächst ergibt sich aus ihm wegen
$$v_r^{n+1} = v_r^n + \sum_0^{r-1} v_i^n$$
das **Differenzgesetz**:

(2) $\qquad \Delta v_r^n = v_r^{n+1} - v_r^n = v_{r-1}^{n+1}$

und aus diesem durch wiederholte Anwendung bei fallenden Termen und Addition der Gleichungen das **Summengesetz**:

(3) $\qquad v_r^n = v_r^{n-\varkappa} + \sum_{n-\varkappa+1}^n v_{r-1}^i = v_r^0 + \sum_1^n v_{r-1}^i.$

Nach dem Differenzgesetz ist nun jede einer Kolonne voraufgehende Kolonne, also jede arithmetische Reihe nächstniedriger Ordnung, die Reihe der Differenzen der Glieder der folgenden Reihe oder deren Differenzreihe. Von der Differenzreihe läßt sich wiederum die Differenzreihe bilden, die zweite Differenzreihe, oder die Differenzreihe zweiter Stufe von der ersten Reihe. So kann man fortfahren, Differenzreihen immer höherer Stufen zu bilden, bis man bei der Reihe 0-ter Ordnung anlangt. Eine arithmetische Reihe r-ter Ordnung hat daher r Differenzreihen der verschiedenen Stufen. Die letzte Differenzreihe aller Reihen, die Reihe 0-ter Ordnung, besteht nun aus lauter gleichen Gliedern, denn es ist nach dem Bildungsgesetz

$$v_0^0 = v_0^1 = v_0^2 = \ldots = v_0^n.$$

Durch diese Eigenschaften ist die arithmetische Reihe definiert: Sie ist eine Reihe mit einer endlichen Zahl von Differenzreihen, deren letzte aus gleichen Gliedern besteht. Die Anzahl der Differenzreihen bestimmt die Ordnung der Reihe. — Sie ist ferner definiert durch die erste Zeile der Zahlen, aus der sie nach dem Bildungsgesetz hervorging. Die Zahlen dieser endlichen Reihe nennen wir daher die Konstituenten der Reihen, welche das System bilden. Die Reihe r-ter Ordnung hat $r-1$ Konstituenten.

§ 2. Die Formanten.

Das einfachste System arithmetischer Reihen entsteht nun, wenn der erste Konstituent 1 und die übrigen 0 sind. Der Anfang dieses Systems zeigt folgendes Bild:

r	$n \atop 0$	$n \atop 1$	$n \atop 2$	$n \atop 3$	$n \atop 4$	$n \atop 5$	$n \atop 6$	$n \atop 7$	$n \atop 8$
$n \atop r$ $\genfrac{}{}{0pt}{}{0}{r}$	1	0	0	0	0	0	0	0	0
$\genfrac{}{}{0pt}{}{1}{r}$	1	1	1	1	1	1	1	1	1
$\genfrac{}{}{0pt}{}{2}{r}$	1	2	3	4	5	6	7	8	9
$\genfrac{}{}{0pt}{}{3}{r}$	1	3	6	10	15	21	28	36	45
$\genfrac{}{}{0pt}{}{4}{r}$	1	4	10	20	35	56	84	120	165
$\genfrac{}{}{0pt}{}{5}{r}$	1	5	15	35	70	126	210	330	495
$\genfrac{}{}{0pt}{}{6}{r}$	1	6	21	56	126	252	462	792	1287
$\genfrac{}{}{0pt}{}{7}{r}$	1	7	28	84	210	462	924	1716	3003
$\genfrac{}{}{0pt}{}{8}{r}$	1	8	36	120	330	792	1716	3432	6435
$\genfrac{}{}{0pt}{}{9}{r}$	1	9	45	165	495	1287	3003	6435	12870

Die Glieder dieses Systems nennen wir, weil sie sich als die Formelemente der arithmetischen und anderer Reihen erweisen werden, **Formanten**. Sie werden nach Analogie der Glieder des Systems der arithmetischen Reihen mit Hilfe der beiden Indizes, dem der Zeile und dem der Kolonne, d. i. eines Terms und einer Ordnungszahl, bezeichnet, jedoch unter Weglassung des spezialisierenden Buchstabens v. Es bedeutet daher das Zeichen $\begin{bmatrix} n \\ r \end{bmatrix}$ die n-te Formante r-ter Ordnung oder das $n+1$-te Glied der $r+1$-ten Kolonne des Systems.

Da die Reihen der Formanten arithmetische Reihen sind, gelten für sie zunächst die allgemeinen Gesetze dieser Reihen. Es ist also

(1) $\qquad \begin{bmatrix} n \\ r \end{bmatrix} = \sum_{0}^{r} \begin{bmatrix} n-1 \\ i \end{bmatrix}$ und $\begin{bmatrix} n+1 \\ r \end{bmatrix} = \sum_{0}^{r} \begin{bmatrix} n \\ i \end{bmatrix}$

(2) $\qquad \Delta \begin{bmatrix} n \\ r \end{bmatrix} = \begin{bmatrix} n+1 \\ r \end{bmatrix} - \begin{bmatrix} n \\ r \end{bmatrix} = \begin{bmatrix} n+1 \\ r-1 \end{bmatrix}$

(3) $\qquad \begin{bmatrix} n \\ r \end{bmatrix} = \sum_{1}^{n} \begin{bmatrix} i \\ r-1 \end{bmatrix}.$

Außerdem gilt aber für die Formanten noch folgendes besondere Gesetz:

Da die Reihe der Konstituenten als unendliche Reihe betrachtet werden kann, so stellen auch alle Zeilen des Systems unendliche arithmetische Reihen dar, deren Bildungsgesetz dasselbe wie das der Kolonnen ist. Da nun ferner die zweite Zeile gleich der ersten Kolonne ist, indem beide aus lauter Einheiten bestehen, so ist auch die $r+1$-te Zeile der r-ten Kolonne gleich. Das System ist daher symmetrisch zu der Diagonale, welche sich bei quadratischer Anordnung der Zahlen von der ersten Zahl der zweiten Zeile unter einem Winkel von $45°$ zu den Seiten des Quadrats nach rechts unten erstreckt. Daraus aber ergibt sich die allgemeine Beziehung der Formanten:

(4) $\qquad \begin{bmatrix} n \\ r \end{bmatrix} = \begin{bmatrix} r+1 \\ n-1 \end{bmatrix}$

welche wir das **Reversionsgesetz** nennen. Mit seiner Hilfe läßt sich das Differenzgesetz auch schreiben:

$$\begin{bmatrix} r+1 \\ n \end{bmatrix} - \begin{bmatrix} r+1 \\ n-1 \end{bmatrix} = \begin{bmatrix} r \\ n \end{bmatrix}$$

und es ist

$$\begin{bmatrix} n \\ r \end{bmatrix} + \begin{bmatrix} r \\ n \end{bmatrix} = \begin{bmatrix} r+1 \\ n \end{bmatrix}, \quad \begin{bmatrix} n-1 \\ r \end{bmatrix} + \begin{bmatrix} r \\ n-1 \end{bmatrix} = \begin{bmatrix} n \\ r \end{bmatrix}.$$

§ 3. Zweite Art der Bildung arithmetischer Reihen.

Ein System arithmetischer Reihen läßt sich aus einer endlichen Anzahl von Konstituenten, welche wir durch

$$\begin{pmatrix} u_0^0 \end{pmatrix}, \begin{pmatrix} u_1^0 \end{pmatrix}, \begin{pmatrix} u_2^0 \end{pmatrix}, \begin{pmatrix} u_3^0 \end{pmatrix}, \ldots, \begin{pmatrix} u_s^0 \end{pmatrix}$$

bezeichnen wollen, auch folgendermaßen bilden.

Die zweite Zeile
$$u_0^1,\ u_1^1,\ u_2^1,\ u_3^1,\ \ldots,\ u_s^1$$
des Systems, das wir uns wie das erste angeordnet denken, werde nach dem Gesetz $u_r^1 = u_r^0 + u_{r-1}^0$ aus der ersten gebildet, aus dieser nach analogem Gesetz eine dritte Zeile usw. ohne Grenze. Das erste Glied jeder Zeile bedarf eines besonderen Bildungsgesetzes, das durch
$$u_0^0 = u_0^1 = u_0^2 = u_0^3 = \ldots = u_0^n$$
ausgesprochen sei. Die Kolonnen des so gebildeten Systems sind **arithmetische Reihen**; denn das allgemeine **Bildungsgesetz** für die Glieder der Reihen ist

(1) $\qquad u_r^n = u_r^{n-1} + u_{r-1}^{n-1}\quad$ oder $\quad u_r^{n+1} = u_r^n + u_{r-1}^n$

und aus ihm geht das **Differenzgesetz**

(2) $\qquad\qquad |\ u_r^n = u_r^{n+1} - u_r^n = u_{r-1}^n$

unmittelbar hervor. Durch wiederholte Anwendung dieses Gesetzes bei fallenden Termen und Addition der so entstandenen Gleichungen entsteht aber das **Summengesetz**

(3) $\qquad u_r^n = u_r^{n-\alpha} + \sum_{n-\alpha}^{n-1} u_{r-1}^i = u_r^0 + \sum_{0}^{n-1} u_{r-1}^i.$

Nach dem Differenzgesetz hat auch hier jede Kolonne des Systems so viele Differenzreihen als ihrer Ordnung entspricht, und die letzte besteht aus lauter gleichen Gliedern. Also ist die Kolonne eine arithmetische Reihe.

Das System der Reihen ist mit dem nach der ersten Methode gebildeten **identisch**, wenn die Konstituenten des zweiten Systems
$$u_0^0,\ u_1^0,\ u_2^0,\ u_3^0,\ \ldots,\ u_s^0$$
folgenden Gliedern des ersten Systems der Reihe nach gleich sind:
$$v_0^s,\ v_1^{s-1},\ v_2^{s-2},\ v_3^{s-3},\ \ldots,\ v_s^0,$$
denn es sind dann auch die den Gesetzen der Reihen entsprechend gebildeten Glieder der nächsten Zeile einander gleich. Dem Bildungsgesetz des zweiten Systems entspricht das Differenzgesetz des ersten Systems. Die Konstituenten des zweiten bilden eine Diagonale von rechts oben nach links unten im ersten System.

Es ist dann allgemein
$$u_r^n = v_r^{n+s-r}\quad \text{und entsprechend}\quad u_r^{m-s-r} = v_r^m.$$

Welches der beiden Systeme man für die Darstellung der Reihen wählt, hängt von den besonderen Zwecken der Untersuchung ab.

Die Zahlenreihen. 5

§ 4. Die Formanten nach dem zweiten Bildungsgesetz.

So wie die arithmetischen Reihen können auch die Formanten als ein Spezialfall derselben auf eine zweite Art gebildet werden. Gehen wir aus von einem begrenzten System von Formanten, d. h. einem solchen, das nur die Reihen bis zur s-ten Ordnung umfaßt. Machen wir ihre erste vollständige Diagonalreihe

$$\binom{s}{0},\ \binom{s-1}{1},\ \binom{s-2}{2},\ \binom{s-3}{3},\ \ldots,\ \binom{0}{s}$$

zur Reihe der Konstituenten und bilden wir mit ihrer Hilfe ein System nach der zweiten Art, so erhalten wir dieselben Kolonnen von Formanten wie im ersten System, nur fehlen die ersten $s - r$ Glieder in jeder Kolonne.

Ein vollständiges System aller Formanten erhalten wir, wenn wir in dem allgemeinen System der arithmetischen Reihen nach dem zweiten Bildungsgesetz, das erste Glied der Reihe der Konstituenten, $\binom{u_0^0}{0} = 1$ und alle übrigen Konstituenten gleich 0 setzen. Es entsteht dann ein System von Reihen, dessen Anfang folgendes Bild darbietet:

	$\binom{n}{0}$	$\binom{n}{1}$	$\binom{n}{2}$	$\binom{n}{3}$	$\binom{n}{4}$	$\binom{n}{5}$	$\binom{n}{6}$	$\binom{n}{7}$	$\binom{n}{8}$	$\binom{n}{9}$
$\binom{0}{r}$	1	0	0	0	0	0	0	0	0	0
$\binom{1}{r}$	1	1	0	0	0	0	0	0	0	0
$\binom{2}{r}$	1	2	1	0	0	0	0	0	0	0
$\binom{3}{r}$	1	3	3	1	0	0	0	0	0	0
$\binom{4}{r}$	1	4	6	4	1	0	0	0	0	0
$\binom{5}{r}$	1	5	10	10	5	1	0	0	0	0
$\binom{6}{r}$	1	6	15	20	15	6	1	0	0	0
$\binom{7}{r}$	1	7	21	35	35	21	7	1	0	0
$\binom{8}{r}$	1	8	28	56	70	56	28	8	1	0
$\binom{9}{r}$	1	9	36	84	126	126	84	36	9	1

Wir bezeichnen die Glieder dieses Systems analog denen des ersten mit Hilfe der beiden Indizes, dem der Zeile und dem der Kolonne, durch $\binom{n}{r}$, indem in dem allgemeinen Zeichen der arithmetischen Reihe der spezialisierende Buchstabe u weggelassen wird.

Aus dem Bildungsgesetz ergeben sich unmittelbar folgende beiden Beziehungen:

(1) $\left[\begin{matrix}n\\r\end{matrix}\right] = \left(\begin{matrix}n+1\\r\end{matrix}\right) - \left(\begin{matrix}n\\r\end{matrix}\right) = \left(\begin{matrix}n\\r-1\end{matrix}\right)$ (Differenzgesetz)

(2) $\left(\begin{matrix}n\\r\end{matrix}\right) = \sum_{0}^{n-1} \left(\begin{matrix}i\\r-1\end{matrix}\right)$ (Summengesetz).

Das zweite Gesetz zeigt, daß jede folgende Kolonne aus der vorhergehenden in ähnlicher Weise gebildet werden kann, wie nach dem ersten Bildungsgesetz jede Zeile aus der vorhergehenden; nur ist zugleich jede Kolonne gegen die vorhergehende um ein Glied verschoben. Da nun die erste Kolonne aus lauter Einheiten besteht, wie die zweite Zeile des ersten Systems der Formanten, so ergibt sich, daß alle nach dem zweiten Gesetz gebildeten Formanten, die von der ersten Kolonne und der ebenfalls aus Einheiten bestehenden Diagonale eingeschlossen werden, einschließlich dieser beiden Reihen selbst, mit den Formanten des ersten Systems identisch sein müssen. Das zweite System unterscheidet sich von dem ersten also nur dadurch, daß es auch alle Formanten, deren Ordnungszahl v größer als ihr Term n ist, definiert und zwar gleich 0 bestimmt. Das erste System ist also dem zweiten subsumiert.

Hieraus ergibt sich zwischen den übereinstimmenden Formanten beider Systeme folgende Beziehung:

(3) $\left[\begin{matrix}n\\r\end{matrix}\right] = \left(\begin{matrix}n+r-1\\r\end{matrix}\right)$ und $\left(\begin{matrix}m\\r\end{matrix}\right) = \left[\begin{matrix}m-r+1\\r\end{matrix}\right]$,

mit Hilfe deren das Reversionsgesetz $\left[\begin{matrix}n\\r\end{matrix}\right] = \left[\begin{matrix}r+1\\n-1\end{matrix}\right]$ (§ 2, 4) übergeführt wird in

(4) $\left(\begin{matrix}m\\r\end{matrix}\right) = \left(\begin{matrix}m\\m-r\end{matrix}\right)$.

Um, wo es nötig ist, die nach den beiden verschiedenen Gesetzen gebildeten Formanten auch durch den Namen zu unterscheiden, wollen wir die Formanten erster Definition mit eckiger Klammer B-Formanten, die der zweiten Definition A-Formanten nennen. Ebenso sollen auch die Konstituenten der nach der ersten Art gebildeten arithmetischen Reihen B-Konstituenten, die der nach der zweiten Art gebildeten arithmetischen Reihen A-Konstituenten heißen.

§ 5. Die Erweiterung des Formantenbegriffes.

Den beiden bisherigen Definitionen der Formanten entsprechend lassen sich nun mit Hilfe von Fakultäten zwei neue Definitionen der Formanten geben, welche außer den bisher bekannten Formanten auch solche für negative Terme und Ordnungszahlen definieren, also eine Erweiterung des Formantenbegriffes darstellen.

Um zu zeigen, daß die neu definierten die bisher definierten Formanten umfassen, sollen die neuen Definitionen zunächst nur für positive Terme und Ordnungszahlen gegeben werden. Für solche lassen sie sich durch folgende Gleichungen aussprechen:

(1b) $$\left[\begin{matrix}n\\r\end{matrix}\right] = \left(\begin{matrix}n+r-1\\r\end{matrix}\right) = \frac{(n+r-1)!}{(n-1)!\,r!}$$

(1a) $$\left(\begin{matrix}m\\r\end{matrix}\right) = \left[\begin{matrix}m-r+1\\r\end{matrix}\right] = \frac{m!}{(m-r)!\,r!}.$$

Da die Fakultäten nur für positive Zahlen Sinn haben, haben es auch diese Quotienten aus Fakultäten. Daß nun diese Gleichungen für positive Werte von n, m und r richtig sind, ergibt sich folgendermaßen: Wenn wir die Quotienten in zweifach ausgedehnte Zahlensysteme entwickeln und sie ebenso wie die entsprechenden Formanten ordnen, so haben erstens die Systeme $\left[\begin{matrix}n\\r\end{matrix}\right]$ und $\frac{(n+r-1)!}{(n-1)!\,r!}$ die erste Zeile ($n=1$), die aus lauter Einheiten besteht, gemein, und ebenso die Systeme $\left(\begin{matrix}m\\r\end{matrix}\right)$ und $\frac{m!}{(m-r)!\,r!}$ die erste Kolonne ($r=1$), die aus den Zahlen der natürlichen Zahlenreihe besteht. Zweitens ist

sowie
$$\frac{(n+r)!}{n!\,r!} - \frac{(n+r-1)!}{(n-1)!\,r!} = \frac{(n+r-1)!}{n!\,(n-1)!}$$

$$\frac{(m+1)!}{(m-r+1)!\,r!} - \frac{m!}{(m-r)!\,r!} = \frac{m!}{(m-r+1)!\,(r-1)!}$$

d. h. die beiden Quotienten gehorchen demselben Differenzgesetz wie $\left[\begin{matrix}n\\r\end{matrix}\right]$ und $\left(\begin{matrix}m\\r\end{matrix}\right)$. Wenn aber zwei Systeme die Konstituenten gemein haben und demselben Bildungsgesetz unterworfen sind, sind sie notwendig identisch.

Um nun die neuen Definitionen auch für Terme, die gleich 0 oder negativ sind, anwenden zu können, schreiben wir

(2b) $$\frac{(n+r-1)!}{(n-1)!\,r!} = \frac{n(n+1)(n+2)\ldots(n+r-1)}{1\,.\,2\,.\,3\,\ldots\,r}$$
und
(2a) $$\frac{m!}{(m-r)!\,r!} = \frac{m(m-1)(m-2)\ldots(m-r+1)}{1\,.\,2\,.\,3\,\ldots\,r}$$

woraus sich, wenn wir die bisherigen Bezeichnungen der Formanten auch für den erweiterten Begriff beibehalten

(3b) $$\left[\begin{matrix}0\\r\end{matrix}\right] = 0$$
und
(3a) $$\left(\begin{matrix}0\\r\end{matrix}\right) = 0$$

für beliebige positive Werte von r, und ferner

(4b) $$\left[\begin{matrix}-n\\r\end{matrix}\right] = (-1)^r \left[\begin{matrix}n-r+1\\r\end{matrix}\right] = (-1)^r \left(\begin{matrix}n\\r\end{matrix}\right)$$

(4a) $$\left(\begin{matrix}-m\\r\end{matrix}\right) = (-1)^r \left[\begin{matrix}m+r-1\\r\end{matrix}\right] = (-1)^r \left[\begin{matrix}m\\r\end{matrix}\right]$$

ergibt, welche Gleichungen wir, da aus ihnen selber $\genfrac{}{}{0pt}{}{-r}{r} = (-1)^r$ und $\left(\genfrac{}{}{0pt}{}{-1}{r}\right) = (-1)^r$ hervorgeht, auch

(5b) $$\genfrac{}{}{0pt}{}{-n}{r} = \genfrac{}{}{0pt}{}{-1}{r} \genfrac{}{}{0pt}{}{n}{r}$$

und

(5a) $$\left(\genfrac{}{}{0pt}{}{-n}{r}\right) = \genfrac{}{}{0pt}{}{-r}{r} \genfrac{}{}{0pt}{}{n}{r}$$

schreiben können.

Um endlich auch für $r = 0$ und negative Ordnungszahlen Formanten zu erhalten, nehmen wir mit den definierenden Quotienten folgende Umformungen vor:

(6b) $$\frac{(n+r-1)!}{(n-1)!\, r!} = \frac{(r+1)(r+2)\ldots(r+n-1)}{1 \cdot 2 \ldots (n-1)} = \frac{r+1}{n-1}$$

(6a) $$\frac{m!}{(m-r)!\, r!} = \frac{(r+1)(r+2)\ldots m}{1 \cdot 2 \ldots (m-r)} = \left(\frac{m}{m-r}\right)$$

Aus diesen Definitionen ergibt sich zunächst

(7b) $$\genfrac{}{}{0pt}{}{n}{0} = 1$$

und

(7a) $$\left(\genfrac{}{}{0pt}{}{m}{0}\right) = 1$$

für alle Werte von n und m außer $n = 0$ und $m = 0$, für welche Werte der Ausdruck unbestimmt bleibt.

Ferner ergibt sich für negative Ordnungszahlen

(8b) $$\genfrac{}{}{0pt}{}{n}{-r} = \genfrac{}{}{0pt}{}{-r+1}{n-1} = (-1)^{n-1} \frac{(r-1)(r-2)\ldots(r-n+1)}{1 \cdot 2 \ldots (n-1)} = \left(\genfrac{}{}{0pt}{}{-1}{n-1}\right)\left(\genfrac{}{}{0pt}{}{r-1}{n-1}\right)$$

(8a) $$\left(\genfrac{}{}{0pt}{}{m}{-r}\right) = \left(\genfrac{}{}{0pt}{}{m}{m+r}\right) = \frac{m(m-1)(m-2)\ldots(-r+1)}{1 \cdot 2 \cdot 3 \ldots (m+r)} = \frac{-(m+r)}{m+r}\, \frac{-m}{m+r}$$

woraus zunächst

(9b) $$\genfrac{}{}{0pt}{}{n}{-1} = 0$$

und

(9a) $$\left(\genfrac{}{}{0pt}{}{m}{-1}\right) = 0$$

folgt für alle Werte von n und m, außer für $n = 1$ und $m = 1$, so daß $\genfrac{}{}{0pt}{}{1}{-1}$ und $\left(\genfrac{}{}{0pt}{}{-1}{-1}\right)$ unbestimmt bleiben.

Sind sowohl Terme als Ordnungszahl negativ, so ist

(10b) $$\genfrac{}{}{0pt}{}{-n}{-r} = \left(\genfrac{}{}{0pt}{}{-1}{n-1}\right)\left(\genfrac{}{}{0pt}{}{r-1}{n+r}\right)$$

(10a) $$\left(\genfrac{}{}{0pt}{}{-m}{-r}\right) = \frac{m-r}{r-m}\, \frac{m}{r-m}$$

Mit Hilfe dieser Formen können wir nunmehr ein vollständiges Bild der Formanten für alle positiven und negativen Werte beider Variablen geben.

Die Zahlenreihen.

	$\binom{-5}{r}$	$\binom{-4}{r}$	$\binom{-3}{r}$	$\binom{-2}{r}$	$\binom{-1}{r}$	$\binom{0}{r}$	$\binom{1}{r}$	$\binom{2}{r}$	$\binom{3}{r}$	$\binom{4}{r}$	$\binom{5}{r}$	$\binom{6}{r}$
u_5	-1	0	0	0	0	0	1	6	21	56	126	252
u_4	5	1	0	0	0	0	1	5	15	35	70	126
u_3	-10	-4	-1	0	0	0	1	4	10	20	35	56
u_2	10	6	3	1	0	0	1	3	6	10	15	21
u_1	-5	-4	-3	-2	-1	0	1	2	3	4	5	6
u_0	1	1	1	1	1	(1)	1	1	1	1	1	1
u_{-1}	0	0	0	0	0	0	(1)	0	0	0	0	0
u_{-2}	0	0	0	0	0	0	$+1$	-1	0	0	0	0
u_{-3}	0	0	0	0	0	0	$+1$	-2	$+1$	0	0	0
u_{-4}	0	0	0	0	0	0	$+1$	-3	$+3$	-1	0	0
u_{-5}	0	0	0	0	0	0	$+1$	-4	$+6$	-4	$+1$	0

	$\binom{-6}{r}$	$\binom{-5}{r}$	$\binom{-4}{r}$	$\binom{-3}{r}$	$\binom{-2}{r}$	$\binom{-1}{r}$	$\binom{0}{r}$	$\binom{1}{r}$	$\binom{2}{r}$	$\binom{3}{r}$	$\binom{4}{r}$	$\binom{5}{r}$
u_5	-252	-126	-56	-21	-6	-1	0	0	0	0	0	1
u_4	126	70	35	15	5	1	0	0	0	0	1	5
u_3	-56	-35	-20	-10	-4	-1	0	0	0	1	4	10
u_2	21	15	10	6	3	1	0	0	1	3	6	10
u_1	-6	-5	-4	-3	-2	-1	0	1	2	3	4	5
u_0	1	1	1	1	1	1	(1)	1	1	1	1	1
u_{-1}	0	0	0	0	0	$(+1)$	0	0	0	0	0	0
u_{-2}	0	0	0	0	$+1$	-1	0	0	0	0	0	0
u_{-3}	0	0	0	$+1$	-2	$+1$	0	0	0	0	0	0
u_{-4}	0	0	$+1$	-3	$+3$	-1	0	0	0	0	0	0
u_{-5}	0	$+1$	-4	$+6$	-4	$+1$	0	0	0	0	0	0
u_{-6}	$+1$	-5	$+10$	-10	$+5$	-1	0	0	0	0	0	0

Aus diesen Systemen ergibt sich, daß die unbestimmten Formanten $\genfrac{}{}{0pt}{}{0}{0}$, $\binom{0}{0}$, $\genfrac{}{}{0pt}{}{1}{-1}$, $\binom{-1}{-1}$ zweideutig sind, nämlich den Wert 0 oder 1 haben können, je nachdem sie eine Differenz der Glieder der vorhergehenden oder einen Konstituenten der folgenden Reihe darstellen. Die Erweiterung des Systems für negative Ordnungszahlen ist nur um den Preis dieser Zweideutigkeit möglich.

§ 6. Formanten mit gebrochenen Termen.

Die Definition der Formanten durch $\frac{m(m+1)\ldots(m+r-1)}{r!}$ und $\frac{m(m-1)\ldots(m-r+1)}{r!}$ schließt nicht aus, daß m eine gebrochene Zahl sei. Die für Formanten geltenden Gesetze bleiben auch bei dieser Erweiterung des Begriffes bestehen. Die Formanten hören dann freilich auf, immer ganze Zahlen zu bedeuten: Sie sind nur ganzzahlig für ganzzahlige Terme. Setzen wir $m = n:p$ und betrachten wir hierin den Nenner als konstant, während n die natürliche Zahlenreihe durchläuft, so stellt $\genfrac{}{}{0pt}{}{n:p}{r}$ bzw. $\binom{n:p}{r}$ eine Reihe dar, deren Glieder die ganzzahligen Formanten sind überall wo n ein Vielfaches von p ist. Zwischen je zwei benachbarten ganzzahligen Gliedern erscheinen $p-1$ gebrochene Glieder interpoliert. Die Anzahl der Glieder der Reihe hat sich also ver-p-facht. Man kann sie darstellen durch

$$\genfrac{|}{|}{0pt}{}{n:p}{r} = \frac{n(n+p)(n+2p)\ldots(n+[r-1]p)}{p^r \cdot r!}$$

$$\binom{n:p}{r} = \frac{n(n-p)(n-2p)\ldots(n-[r-1]p)}{p^r \cdot r!}.$$

Die A-Formanten sind negativ, wenn r eine gerade Zahl und $n < p$ also $n:p$ ein echter Bruch ist.

Läßt man p wachsen, so ist

$$\lim p \genfrac{|}{|}{0pt}{}{1:p}{r} = \frac{1}{r}, \quad \lim p \binom{1:p}{r} = \genfrac{(}{)}{0pt}{}{-1}{r-1} \cdot \frac{1}{r}.$$

§ 7. Produktengleichungen der Formanten.

Der Quotient $\frac{n!}{a!\,b!\,c!\,d!\ldots k!}$, wo $a+b+c+d+\ldots+k = n$ und s die Anzahl der Faktoren des Nenners oder der Summanden von n ist, läßt sich immer als ein Produkt von $s-1$ Formanten darstellen. Denn zerlegen wir $n!$ in s Gruppen aufeinanderfolgender Zahlen (Sequenzen) so, daß die Anzahl der Glieder der Sequenzen a, b, c, d, $\ldots$, k ist und ordnen wir jeder Sequenz der entsprechenden Fakultät des Nenners zu, so entstehen s Formanten, von denen jedoch immer die erste gleich 1 ist, also aus dem Produkt ausfällt. — Die Zerlegung wird verschieden ausfallen,

Die Zahlenreihen.

je nach der Anordnung der s Fakultäten des Nenners. Da diese sich auf $s!$ verschiedene Arten anordnen (permutieren) lassen, so entstehen $s!$ verschiedene Produkte von Formanten, die aber alle dem Werte nach gleich sind und daher zu $\binom{s!}{2}$ Gleichungen solcher Produkte Anlaß geben, die jedoch nicht alle von gleicher Bedeutung sind. — Eins der Formantenprodukte ist in A-Formanten

(1a) $$\frac{n!}{a!\,b!\,c!\,d!\ldots k!} = \binom{a+b}{b}\binom{a+b+c}{c}\binom{a+b+c+d}{d}\ldots\binom{n}{k}.$$

oder in B-Formanten:

(1b) $$\frac{n!}{a!\,b!\,c!\,d!\ldots k!} = \binom{a+1}{b}\binom{a+b+1}{c}\binom{a+b+c+1}{d}\ldots\binom{n-k+1}{k}.$$

Beschränken wir uns auf drei Fakultäten im Nenner, so ist $\frac{n!}{a!\,b!\,c!}$ in folgende sechs untereinander gleiche Formantenprodukte beiderlei Art zerlegbar

$$\binom{a+b}{b}\binom{a+c}{c} = \binom{a+b}{a}\binom{n}{c} = \binom{b+c}{c}\binom{n}{a}$$
$$= \binom{a+c}{a}\binom{n}{b} = \binom{b+c}{b}\binom{n}{a}$$

$$\binom{a+1}{b}\binom{n-c+1}{c} = \binom{a+1}{c}\binom{n-b+1}{b} = \binom{b+1}{a}\binom{n-c+1}{c}$$
$$= \binom{b+1}{c}\binom{n-a+1}{a} = \binom{c+1}{a}\binom{n-b+1}{b} = \binom{c+1}{b}\binom{n-a+1}{a}.$$

Eliminieren wir aus einer dieser Gleichungen mit Hilfe von $a+b+c=n$ eine der Variablen, so erhalten wir eine vom Wert der übrigen Variablen unabhängige allgemeine Beziehung. So ergibt sich aus

$$\binom{a+c}{a}\binom{n}{b} = \binom{b+c}{b}\binom{n}{a}$$

$$\binom{n-b}{a}\binom{n}{b} = \binom{n-a}{b}\binom{n}{a} \quad \text{oder} \quad \binom{n-b}{a}\binom{n}{n-b} = \binom{n-a}{b}\binom{n}{n-a},$$

woraus, wenn wir $n-b=r$ setzen,

(2a) $$\binom{n}{r}\binom{r}{a} = \binom{n}{a}\binom{n-a}{n-r} = \binom{n}{a}\binom{n-a}{r-a} \quad \text{hervorgeht.}$$

Ebenso folgt aus $\binom{c+1}{a}\binom{n-b+1}{b} = \binom{c+1}{b}\binom{n-a+1}{a}$

$$\binom{n-a-b+1}{a}\binom{n-b+1}{b} = \binom{n-a-b+1}{b}\binom{n-a+1}{a}$$

und, wenn wir $n-a-b+1=m$ setzen,

(2b) $$\binom{m}{a}\binom{m+a}{b} = \binom{m}{b}\binom{m+b}{a}.$$

Setzen wir $a=1$, so erhalten wir

(3a) $$r\binom{n}{r} = n\binom{n-1}{r-1}.$$

(3b) $$m\binom{m+1}{b} = (m+b)\binom{m}{b}.$$

Setzen wir in (2a) $a = r-1$, so ergibt sich

(4a) $$r\binom{n}{r} = (n-r+1)\binom{n}{r-1}.$$

Wird in (2b) $a = 1$, $b = r-1$ gesetzt, so erhält man

(4b) $$m\,{}_{r-1}^{m+1} = (m+r-1)\,{}_{r-1}^{m} \quad \text{oder} \quad m\,{}_{m}^{r} = (r+m-1)\,{}_{m-1}^{r}.$$

§ 8. Größe der Formanten.

Die Reihe der Formanten ist für positive Terme eine steigende Reihe, also ist $\binom{n+1}{r} > \binom{n}{r}$, ${}_{r}^{n+1} > {}_{r}^{n}$. Nicht so einfach ist das arithmetische Verhältnis von Formanten verschiedener Ordnung. Ist $q < p$, so ist

$$\binom{n}{p} - \binom{n}{q} = \binom{n}{q}\left(\frac{(n-q)\ldots(n-p+1)}{(q+1)\ldots p} - 1\right)$$

$$_{p}^{n} - {}_{q}^{n} = {}_{q}^{n}\left(\frac{(n+q)\ldots(n+p-1)}{(q+1)\ldots p} - 1\right).$$

Diese Differenzen der Formanten sind nun positiv, wenn

$$(n-q)\ldots(n-p+1) > (q+1)\ldots p$$

bzw. $$(n+q)\ldots(n+p-1) > (q+1)\ldots p.$$

Da diese Produkte von gleicher Faktorenzahl sind, so ist dasjenige das größte, dessen größtes Glied größer oder dessen kleinstes Glied kleiner als das größte bzw. kleinste Glied des anderen Produktes ist. Es muß daher

$$n - q > p \quad \text{oder} \quad n > p + q$$

bzw. $$n + q > q + 1 \quad \text{oder} \quad n > 1 \quad \text{sein}.$$

Jeder A-Formant höherer Ordnung ist also größer als ein A-Formant niederer Ordnung und gleichen Termes, sobald der Term größer ist als die Summe der Ordnungszahlen. Ein B-Formant höherer Ordnung ist dagegen schon größer als ein B-Formant niederer Ordnung gleichen Terms, sobald der Term größer als 1 ist. Die Differenz solcher Formanten verschiedener Ordnung wächst mit wachsendem Term über jede angebbare Grenze hinaus. Durch Wahl eines hinreichend hohen Wertes von n kann also, wenn $p > q$, $\binom{n}{p}$ sowie ${}_{p}^{n}$ größer gemacht werden als irgend ein Vielfaches von $\binom{n}{q}$ bzw. ${}_{q}^{n}$ oder als die Summe irgend welcher Formanten niedrigerer Ordnung.

Für unendlich hohe positive oder negative Terme sind hiernach die Formanten unendlich.

Was aber für Formanten mit positivem Term gilt, gilt auch für die absoluten Beträge von Formanten mit negativem Term, denn es ist

$$\binom{-n}{r} = {}_{r}^{n} \quad \text{und} \quad {}_{r}^{-n} = \binom{n}{r}.$$

§ 9. Darstellung der Reihen, ihrer Differenzen und Summen mittels Formanten.

Es seien die Konstituenten eines Systems arithmetischer Reihen und zwar zunächst dessen B-Konstituenten gegeben. Wir wollen zur sie Abkürzung folgendermaßen bezeichnen:

$$v_0^0, \quad v_1^0, \quad v_2^0, \quad v_3^0, \quad \ldots, \quad v_{r-2}^0, \quad v_{r-1}^0, \quad v_r^0$$

durch $a, \quad b, \quad c, \quad d, \quad \ldots, \quad g, \quad h, \quad k$

Bilden wir aus ihnen nach dem Bildungsgesetz (§ 1) das Reihensystem, so ergibt sich auf einfache Weise, daß die Glieder der Reihe r-ter Ordnung sind:

$$v_r^1 = a + b + c + \ldots + g + h + k$$

$$v_r^2 = a\,{}_r^2 + b\,{}_{r-1}^2 + c\,{}_{r-2}^2 + \ldots + g\,{}_2^2 + h\,{}_1^2 + k\,{}_0^2$$

$$v_r^3 = a\,{}_r^3 + b\,{}_{r-1}^3 + c\,{}_{r-2}^3 + \ldots + g\,{}_2^3 + h\,{}_1^3 + k\,{}_0^3$$

. . . .

(1) $\quad v_r^n = a\,{}_r^n + b\,{}_{r-1}^n + c\,{}_{r-2}^n + \ldots + g\,{}_2^n + h\,{}_1^n + k\,{}_0^n$

Das allgemeine Glied (1) oder die Form der Reihe stellt sich also dar als eine Summe von Formanten, deren Koeffizienten die Konstituenten der Reihe sind. Wir nennen einen in dieser Weise aus Formanten gebildeten Ausdruck ein Polyform[1]). Es dient zugleich als Form der Reihe, d. h. als allgemeiner Ausdruck durch dessen Spezialisierung, indem für n die Zahlen der natürlichen Zahlenreihe gesetzt werden, die Glieder der Reihe entstehen.

Nach dem Differenzgesetz der Formanten können wir aus dieser Form in einfacher Weise die der Differenzreihen der Reihe bilden. Es ist nämlich

$$\Delta\, v_r^n = a\,{}_{r-1}^{n+1} + b\,{}_{r-2}^{n+1} + c\,{}_{r-3}^{n+1} + \ldots + g\,{}_1^{n+1} + h\,{}_0^{n-1}$$

$$\Delta^2\, v_r^n = a\,{}_{r-2}^{n+2} + b\,{}_{r-3}^{n+2} + c\,{}_{r-4}^{n+2} + \ldots + g\,{}_0^{n+2}$$

. . . .

$$\Delta^{r-2}\, v_r^n = a\,{}_2^{n+r-2} + b\,{}_1^{n+r-2} + c\,{}_0^{n+r-2}$$

$$\Delta^{r-1}\, v_r^n = a\,{}_1^{n+r-1} + b\,{}_0^{n+r-1}$$

$$\Delta^r\, v_r^n = a\,{}_0^{n+r}.$$

In analoger Weise läßt sich nun nach dem Bildungsgesetz (§ 3) aus folgenden A-Konstituenten

$$\left(u_0^0\right), \left(u_1^0\right), \left(u_2^0\right), \ldots, \left(u_{r-2}^0\right), \left(u_{r-1}^0\right), \left(u_r^0\right).$$

---
[1]) Zum Unterschied vom Polynom, das in gleicher Weise aus Potenzen der Variablen gebildet ist.

die wir zur Abkürzung mit
$$a, \; b, \; c, \; \ldots, \; g, \; h, \; k$$
bezeichnen wollen, ein Reihensystem bilden, in welchen die ersten n Glieder der Reihe höchster Ordnung folgende sind:

$$(u_r^1) = \qquad\qquad\qquad\qquad\qquad h\binom{1}{1} + k\binom{1}{0}$$

$$(u_r^2) = \qquad\qquad\qquad\qquad g\binom{2}{2} + h\binom{2}{1} + k\binom{2}{0}$$

$$\cdots\cdots\cdots\cdots\cdots\cdots\cdots\cdots\cdots\cdots\cdots\cdots$$

$$(u_r^{r-2}) = \qquad c\binom{r-2}{r-2} + \ldots + g\binom{r-2}{r} + h\binom{r-2}{1} + k\binom{r-2}{0}$$

$$(u_r^{r-1}) = \quad + b\binom{r-1}{r-1} + c\binom{r-1}{r-2} + \ldots + g\binom{r-1}{2} + h\binom{r-1}{1} + k\binom{r-1}{0}$$

$$(u_r^r) = a\binom{r}{r} + b\binom{r}{r-1} + c\binom{r}{r-2} + \ldots + g\binom{r}{2} + h\binom{r}{1} + k\binom{r}{0}$$

$$\cdots\cdots\cdots\cdots\cdots\cdots\cdots\cdots\cdots\cdots\cdots\cdots$$

$$(2) \;\; (u_r^n) = a\binom{n}{r} + b\binom{n}{r-1} + c\binom{n}{r-2} + \ldots + g\binom{n}{2} + h\binom{n}{1} + k\binom{n}{0}.$$

Aus der Form der Reihe (2) ergeben sich sehr einfach die Formen der Differenzreihen:

$$\Delta(u_r^n) = a\binom{n}{r-1} + b\binom{n}{r-2} + c\binom{n}{r-3} + \ldots + g\binom{n}{1} + h\binom{n}{0}$$

$$\Delta^2(u_r^n) = a\binom{n}{r-2} + b\binom{n}{r-3} + c\binom{n}{r-4} + \ldots + g\binom{n}{0}$$

$$\cdots\cdots\cdots\cdots\cdots\cdots\cdots\cdots\cdots\cdots\cdots$$

$$\Delta^r(u_r^n) = a\binom{n}{0}.$$

Mit dieser Darstellung der arithmetischen Reihen als Polyforme sind sie definiert für alle Terme und Ordnungszahlen, für welche es die sie bildenden Formanten sind. Die durch Addition aus den Konstituenten gebildeten Reihen waren nur einseitig, nämlich nach der positiven Seite unendlich. Das Polyform dagegen, als Form der Reihe, erlaubt auch die Reihe für negative Terme zu berechnen und macht sie **zweiseitig unendlich**.

Die Summengesetze der arithmetischen Reihen nehmen nunmehr folgende einfache Gestalt an:

$$(3) \quad \sum_{1}^{n-1} a\binom{i}{r} + b\binom{i}{r-1} + c\binom{i}{r-2} + \ldots + h\binom{i}{1} + k$$

$$= a\binom{n-1}{r+1} + b\binom{n-1}{r} + c\binom{n-1}{r-1} + \ldots + h\binom{n-1}{2} + k\binom{n-1}{1}$$

$$(4) \quad \sum_{0}^{n-1} a\binom{i}{r} + b\binom{i}{r-1} + c\binom{i}{r-2} + \ldots + h\binom{i}{1} + k$$

$$= a\binom{n}{r+1} + b\binom{n}{r} + c\binom{n}{r-1} + \ldots + h\binom{n}{2} + k\binom{n}{1}.$$

Die **Integralreihe** einer Reihe nennen wir eine Reihe, welche die Eigenschaft hat, die gegebene zur Differenzreihe zu haben. Bezeichnen wir sie durch ein der Form vorgesetztes einfaches Summenzeichen, so ist

Die Zahlenreihen.

$$(5) \quad \sum' \left(a \begin{smallmatrix} n \\ r \end{smallmatrix} + b \begin{smallmatrix} n \\ r-1 \end{smallmatrix} + c \begin{smallmatrix} n \\ r-2 \end{smallmatrix} + \ldots + h \begin{smallmatrix} n \\ 1 \end{smallmatrix} + k \right)$$
$$= a \begin{smallmatrix} n-1 \\ r+1 \end{smallmatrix} + b \begin{smallmatrix} n-1 \\ r \end{smallmatrix} + c \begin{smallmatrix} n-1 \\ r-1 \end{smallmatrix} + \ldots + h \begin{smallmatrix} n-1 \\ 2 \end{smallmatrix} + k \begin{smallmatrix} n-1 \\ 1 \end{smallmatrix} + C,$$

$$(6) \quad \sum' \left(a \binom{n}{r} + b \binom{n}{r-1} + c \binom{n}{r-2} + \ldots + h \binom{n}{1} + k \right)$$
$$a \binom{n}{r+1} + b \binom{n}{r} + c \binom{n}{r-1} + \ldots + h \binom{n}{2} + k \binom{n}{1} + C,$$

wo C eine willkürlich zu wählende Konstante bedeutet.

§ 10. Zusammengesetzte arithmetische Reihen.

Unter einer zusammengesetzten Reihe verstehen wir eine solche, deren Glieder durch arithmetische Operationen aus den Gliedern gegebener Reihen gebildet sind. Damit die zusammengesetzte Reihe vollkommen bestimmt sei, genügt nicht die Angabe der auszuführenden Operation, sondern es muß auch angegeben werden, welche Glieder der Reihen zu verknüpfen sind. Sind zwei Reihen (v_a^m) und (u_b^n) durch ihre Form gegeben, so müssen die Terme m und n der Glieder, mit denen die vorgeschriebene Operation auszuführen ist, einander zugeordnet werden. Dieses geschieht in der Regel durch Aufstellung einer gegenseitig eindeutigen Beziehung zwischen m und n. Die einfachste dieser Beziehungen ist $m = n$. Diese wollen wir den folgenden Betrachtungen zugrunde legen, d. h. wir beschäftigen uns nur mit Reihen, deren Terme gleich sind. Wir können dann die für die einander zugeordneten Glieder der Reihen vorgeschriebenen Operationen ausführen, indem wir sie an den Formen der Reihe vollziehen. Die Form einer Reihe, die durch Addition aus den Gliedern zweier Reihen gebildet werden soll, ist dann die Summe der Formen der beiden Reihen. Ebenso ist die Form einer Reihe, deren Glieder durch Multiplikation aus den Gliedern zweier gegebenen Reihen gebildet werden sollen, das Produkt der Formen der Reihen. Wir nennen die zusammengesetzte Reihe daher einfach die Summe oder das Produkt der Reihen.

Es ist dann ohne weiteres einleuchtend, daß die Summe von arithmetischen Reihen eine arithmetische Reihe ist, deren Ordnung durch die ihres Summanden höchster Ordnung bestimmt wird.

Das Produkt arithmetischer Reihen ist ebenfalls eine arithmetische Reihe, deren Ordnung gleich der Summe der Ordnungen sämtlicher Faktoren ist. Denn gehen wir aus von zwei Reihen v_a^n und (u_b^n), so ist die erste Differenzreihe des Produktes

$$\Delta (v_a^n)(u_b^n) = (v_a^n)(u_{b-1}^n) + (v_{a-1}^n)(u_b^n) + (v_{a-1}^n)(u_{b-1}^n).$$

In jedem Posten der Form der Differenzreihe ist also die Summe der Ordnungszahlen der beiden Faktoren um mindestens eine Einheit kleiner als in der gegebenen Reihe und die größte dieser Summen $a+b-1$. Bei der Form der zweiten Differenzreihe nimmt abermals diese Summe in jedem Posten um mindestens eine Einheit ab und die höchste der Summen ist $a+b-2$. Fährt man fort mit der Bildung der Differenzreihen, so ist nach $a+b$ Iterationen die höchste Summe der Ordnungszahlen eines Postens 0, also die $a+b$-te Differenzreihe eine arithmetische Reihe 0-ter Ordnung, und daher die Reihe $(v_a^n \cdot u_b^n)$ eine solche $a+b$-ter Ordnung. Das Produkt zweier Reihen a-ter und b-ter Ordnung ist also eine Reihe $a+b$-ter Ordnung. Dieser Satz läßt sich leicht auf Produkte von drei und mehr Reihen ausdehnen.

Sind die einzelnen Reihen, aus denen das Produkt gebildet wird, sämtlich von erster Ordnung, also von der Form $a \begin{vmatrix} r \\ 1 \end{vmatrix} + b$, so ist die Anzahl der Faktoren zugleich die Ordnungszahl der Reihe. Insbesondere stellt eine Potenz x^n, sowie ein Potenzpolynom von der Form

$$a x^n + b x^{n-1} + c x^{n-2} + \ldots + h x + k$$

eine arithmetische Reihe n-ter Ordnung dar, mit deren Verwandlung in ein Polyform wir uns später zu beschäftigen haben werden.

§ 11. Die arithmetischen Reihen definiert durch eine endliche Anzahl ihrer Glieder.

Eine arithmetische Reihe r-ter Ordnung ist durch $r+1$ ihrer Glieder bestimmt. Denn sind die Glieder

$$v_0, \quad v_1, \quad v_2, \quad v_3, \quad \ldots, \quad v_r$$

gegeben, so können wir aus ihnen r erste Differenzen, $r-1$ zweite Differenzen, $r-2$ dritte Differenzen usw. und endlich eine r-te Differenz berechnen. Die Gesamtheit aller dieser Zahlen einschließlich den gegebenen Gliedern der Hauptreihe lassen sich als ein Dreieck von $\begin{pmatrix} r+1 \\ 2 \end{pmatrix}$ Zahlen ordnen, dessen Seiten aus je $r+1$ Zahlen bestehen. Es ist also in diesem Sinne gleichseitig; doch kann man die Zahlen natürlich auch als rechtwinkliges Dreieck anordnen. Wir nennen die in ein solches Dreieck geordneten Zahlen ein Zahlendreieck der Reihe bzw. des durch sie bestimmten Reihensystems. Da man aus der unendlichen Reihe an unendlich vielen Stellen $r+1$ aufeinanderfolgende Glieder herausgreifen kann, hat jede Reihe unendlich viele Zahlendreiecke.

Die Glieder der Differenzreihen des Zahlendreiecks lassen sich aus den gegebenen Gliedern der Hauptreihe folgendermaßen berechnen. Um das k-te Glied einer Differenzreihe zu finden, gehen wir aus vom Gliede v_k der Hauptreihe, dem wir das Vorzeichen belassen, während wir das des folgenden und darauf jedes zweiten Gliedes umkehren. Aus der so entstandenen Reihe

$$v_k, \quad -v_{k+1}, \quad v_{k+2}, \quad -v_{k+3}, \quad +-\ldots, \quad \begin{pmatrix} -1 \\ r-k \end{pmatrix} v_r$$

entstehen dann die Glieder der Differenzreihen in der Art, wie die Glieder einer arithmetischen Reihe aus einer Reihe von A-Konstituenten. Es ist also das k-te Glied der m-ten Differenzreihe

(1a) $\quad \varDelta^m v_k = v_k \binom{m}{0} - v_{k+1} \binom{m}{1} + v_{k+2} \binom{m}{2} - + \ldots + \binom{-1}{r-k} v_r \binom{m}{r}$

oder, in B-Formanten ausgedrückt,

(1b) $\quad \varGamma^m v_k = v_k \left[\begin{smallmatrix} m+1 \\ 0 \end{smallmatrix}\right] - v_{k+1} \left[\begin{smallmatrix} m \\ 1 \end{smallmatrix}\right] + v_{k+2} \left[\begin{smallmatrix} m-1 \\ 2 \end{smallmatrix}\right] - + \ldots$
$\qquad + \dfrac{k-r}{r-k} v_r \left[\begin{smallmatrix} m-r+1 \\ r \end{smallmatrix}\right]$.

Die Seiten des Zahlendreiecks werden nun, außer von der gegebenen Basis $v_0, v_1, \ldots, v_r$, gebildet von den je $r+1$ Gliedern

$\qquad v_0, \quad \varGamma^1 v_0, \quad \varDelta^2 v_0, \quad \varDelta^3 v_0, \quad \ldots, \quad \varDelta^r v_0$
und $\quad v_r, \quad \varGamma^1 v_{r-1}, \quad \varDelta^2 v_{r-2}, \quad \varDelta^3 v_{r-3}, \ldots, \quad \varDelta^r v_0$.

Diese beiden Seiten des Zahlendreiecks stellen nun Konstituenten eines Systems bestehend aus der gegebenen Reihe samt ihren Differenzreihen dar, das wir das Zahlenband oder Reihenband nennen wollen, und zwar sind die Zahlen der ersten Dreiecksseite A-Konstituenten, die der zweiten B-Konstituenten des Systems. Die Reihe, von der $r+1$ Glieder gegeben waren, läßt sich daher mit Hilfe dieser in doppelter Weise darstellen, nämlich

(2a) $\quad \left(v_r^n\right) = v_0 \left[\begin{smallmatrix} n \\ 0 \end{smallmatrix}\right] + \varGamma^1 v_0 \left[\begin{smallmatrix} n \\ 1 \end{smallmatrix}\right] + \varGamma^2 v_0 \left[\begin{smallmatrix} n \\ 2 \end{smallmatrix}\right] + \ldots + \varGamma^r v_0 \left[\begin{smallmatrix} n \\ r \end{smallmatrix}\right]$

(2b) $\quad \left[v_r^n\right] = v_r \left[\begin{smallmatrix} n \\ 0 \end{smallmatrix}\right] + \varGamma^1 v_{r-1} \left[\begin{smallmatrix} n \\ 1 \end{smallmatrix}\right] + \varGamma^2 v_{r-2} \left[\begin{smallmatrix} n \\ 2 \end{smallmatrix}\right] + \ldots + \varGamma^r v_0 \left[\begin{smallmatrix} n \\ r \end{smallmatrix}\right]$,

woraus durch Negation des Termes oder Inversion der Reihe entstehen

(3a) $\quad \left(v_r^{-n}\right) = v_0 \left[\begin{smallmatrix} n \\ 0 \end{smallmatrix}\right] - \varGamma^1 v_0 \left[\begin{smallmatrix} n \\ 1 \end{smallmatrix}\right] + \varGamma^2 v_0 \left[\begin{smallmatrix} n \\ 2 \end{smallmatrix}\right] - + \ldots + \dfrac{-r}{r} \varGamma^r v_0 \left[\begin{smallmatrix} n \\ r \end{smallmatrix}\right]$

(3b) $\quad \left[v_r^{-n}\right] = v_r \binom{n}{0} - \varGamma^1 v_{r-1} \binom{n}{1} + \varGamma^2 v_{r-2} \binom{n}{2} - + \ldots + \binom{-1}{r} \varGamma^r v_0 \binom{n}{r}$.

Da jede Reihe unendlich viele Zahlendreiecke hat, hat sie auch unendlich viele Formen von beiderlei Art.

Aus der Art der Entstehung der Konstituenten aus $r+1$ Gliedern der Reihe geht der Satz hervor: **Haben $r+1$ Glieder einer Reihe r-ter Ordnung einen Faktor gemein, so haben sämtliche Glieder der Reihe diesen Faktor.**

Die hier entwickelte Darstellung der Reihen dient nun zur Bildung der Form der Reihe nicht nur dann, wenn die Reihe durch eine hinreichende Anzahl aufeinanderfolgender Glieder, sondern auch wenn sie in irgend einer anderen Form gegeben ist; denn die Formen (2a, b) sind als die eigentlichen Normalformen der Reihe zu betrachten.

Ist z. B. die Reihe gegeben als Produkt zweier Reihen $v_a^n \cdot \left(u_b^n\right)$, so berechnet man nach dieser Form $a+b+1$ aufein-

Die Zahlenreihen.

anderfolgende Glieder, aus diesen sodann die Seiten des entsprechenden Zahlendreiecks, welche die Konstituenten der Normalform darstellen. In dieser Weise ergeben sich die folgenden häufig zur Verwendung kommenden Formen der Produkte von Formanten:

$$\begin{Bmatrix}n\\1\end{Bmatrix}^2 = 2\begin{Bmatrix}n\\2\end{Bmatrix} + \begin{Bmatrix}n\\1\end{Bmatrix} \qquad \begin{pmatrix}n\\1\end{pmatrix}^2 = 2\begin{pmatrix}n\\2\end{pmatrix} - \begin{pmatrix}n\\1\end{pmatrix}$$

$$\begin{Bmatrix}n\\1\end{Bmatrix}\begin{Bmatrix}n\\2\end{Bmatrix} = 3\begin{Bmatrix}n\\3\end{Bmatrix} + 2\begin{Bmatrix}n\\2\end{Bmatrix} \qquad \begin{pmatrix}n\\1\end{pmatrix}\begin{pmatrix}n\\2\end{pmatrix} = 3\begin{pmatrix}n\\3\end{pmatrix} - 2\begin{pmatrix}n\\2\end{pmatrix}$$

$$\begin{Bmatrix}n\\1\end{Bmatrix}\begin{Bmatrix}n\\3\end{Bmatrix} = 4\begin{Bmatrix}n\\4\end{Bmatrix} + 3\begin{Bmatrix}n\\3\end{Bmatrix} \qquad \begin{pmatrix}n\\1\end{pmatrix}\begin{pmatrix}n\\3\end{pmatrix} = 4\begin{pmatrix}n\\4\end{pmatrix} - 3\begin{pmatrix}n\\3\end{pmatrix}$$

$$\begin{Bmatrix}n\\2\end{Bmatrix}^2 = 6\begin{Bmatrix}n\\4\end{Bmatrix} + 6\begin{Bmatrix}n\\3\end{Bmatrix} + \begin{Bmatrix}n\\2\end{Bmatrix} \qquad \begin{pmatrix}n\\2\end{pmatrix}^2 = 6\begin{pmatrix}n\\4\end{pmatrix} - 6\begin{pmatrix}n\\3\end{pmatrix} + \begin{pmatrix}n\\2\end{pmatrix}$$

$$\begin{Bmatrix}n\\2\end{Bmatrix}\begin{Bmatrix}n\\3\end{Bmatrix} = 10\begin{Bmatrix}n\\5\end{Bmatrix} + 12\begin{Bmatrix}n\\4\end{Bmatrix} + 3\begin{Bmatrix}n\\3\end{Bmatrix} \qquad \begin{pmatrix}n\\2\end{pmatrix}\begin{pmatrix}n\\3\end{pmatrix} = 10\begin{pmatrix}n\\5\end{pmatrix} - 12\begin{pmatrix}n\\4\end{pmatrix} + 3\begin{pmatrix}n\\3\end{pmatrix}$$

$$\begin{Bmatrix}n\\3\end{Bmatrix}^2 = 20\begin{Bmatrix}n\\6\end{Bmatrix} + 30\begin{Bmatrix}n\\5\end{Bmatrix} + 12\begin{Bmatrix}n\\4\end{Bmatrix} + \begin{Bmatrix}n\\3\end{Bmatrix} \qquad \begin{pmatrix}n\\3\end{pmatrix}^2 = 20\begin{pmatrix}n\\6\end{pmatrix} - 30\begin{pmatrix}n\\5\end{pmatrix} + 12\begin{pmatrix}n\\4\end{pmatrix} - \begin{pmatrix}n\\3\end{pmatrix}$$

§ 12. Die arithmetische Reihe als Summe arithmetischer Reihen gleicher Ordnung.

Eine neue Form der arithmetischen Reihe erhalten wir, wenn wir in die Formen (2a, b) des vorigen Paragraphen die der Differenzen (1a, b) einsetzen. Wir wollen hier diese Rechnung nur für die A-Formanten durchführen. — Die dadurch entstehende Reihenform ist folgende:

$$\begin{pmatrix}v_r^n\end{pmatrix} = v_0 \begin{Bmatrix}n\\r,0\end{Bmatrix} + v_1 \begin{Bmatrix}n\\r,1\end{Bmatrix} + v_2 \begin{Bmatrix}n\\r,2\end{Bmatrix} + \ldots + v_r \begin{Bmatrix}n\\r,r\end{Bmatrix},$$

wo die Ausdrücke, mit denen die Reihenglieder $v_0, v_1, \ldots, v_r$ multipliziert sind, Reihen r-ter Ordnung von der Form

$$\begin{Bmatrix}n\\r,\varrho\end{Bmatrix} = \begin{pmatrix}n\\\varrho\end{pmatrix}\begin{pmatrix}\varrho\\0\end{pmatrix} - \begin{pmatrix}n\\\varrho+1\end{pmatrix}\begin{pmatrix}\varrho+1\\1\end{pmatrix} + \begin{pmatrix}n\\\varrho+2\end{pmatrix}\begin{pmatrix}\varrho+2\\2\end{pmatrix} - + \ldots + \begin{pmatrix}-1\\r-\varrho\end{pmatrix}\begin{pmatrix}n\\r\end{pmatrix}\begin{pmatrix}r\\r-\varrho\end{pmatrix}$$

$$= \begin{pmatrix}n\\\varrho\end{pmatrix}\begin{pmatrix}n\\\varrho\end{pmatrix} - \begin{pmatrix}n\\1\end{pmatrix}\begin{pmatrix}n-1\\\varrho\end{pmatrix} + \begin{pmatrix}n\\2\end{pmatrix}\begin{pmatrix}n-2\\\varrho\end{pmatrix} - + \ldots + \begin{pmatrix}-1\\r-\varrho\end{pmatrix}\begin{pmatrix}n\\r-\varrho\end{pmatrix}\begin{pmatrix}n-r\\\varrho\end{pmatrix}$$

(§ 7, 2a) sind. — Da nun $\begin{pmatrix}v_r^\varrho\end{pmatrix} = v_\varrho$ ist, so ist

$$v_0 \begin{Bmatrix}\varrho\\r,0\end{Bmatrix} + v_1 \begin{Bmatrix}\varrho\\r,1\end{Bmatrix} + \ldots + v_\varrho \begin{Bmatrix}\varrho\\r,\varrho\end{Bmatrix} - 1 + \ldots + v_r \begin{Bmatrix}\varrho\\r,r\end{Bmatrix} = 0$$

und da diese Gleichung erfüllt ist, ganz unabhängig von den Werten von $v_0, v_1, \ldots, v_r$, so kann sie nur dadurch erfüllt sein, daß

$$\begin{Bmatrix}\varrho\\r,0\end{Bmatrix} = 0, \quad \begin{Bmatrix}\varrho\\r,1\end{Bmatrix} = 0, \quad \ldots, \quad \begin{Bmatrix}\varrho\\r,\varrho\end{Bmatrix} = 1, \quad \ldots, \quad \begin{Bmatrix}\varrho\\r,r\end{Bmatrix} = 0.$$

Es hat also die Reihe $\begin{Bmatrix}n\\r,\varrho\end{Bmatrix}$ für alle Werte von n von 0 bis r lauter Nullglieder, mit Ausnahme des Gliedes $\begin{Bmatrix}\varrho\\r,\varrho\end{Bmatrix}$, das gleich 1 ist.

Die Zahlenreihen.

Diese Eigenschaft hat die Reihe $\left\{{a \atop r,\varrho}\right\}$ nun gemein mit der von der Form des Quotienten

$$\frac{a(a-1)\ldots(a-\varrho+1)\cdot(a-\varrho-1)\ldots(a-r)}{\varrho(\varrho-1)\ldots(\varrho-\varrho+1)\cdot(\varrho-\varrho-1)\ldots(\varrho-r)},$$

dessen Zähler und Nenner aus an derselben Stelle unterbrochenen Zahlensequenzen bestehen. Wir können ihn auch auf die Form

$$\binom{-1}{r-\varrho}\cdot\frac{a(a-1)\ldots(a-\varrho+1)}{1\cdot 2\ldots\varrho}\cdot\frac{(a-\varrho-1)\ldots(a-r)}{1\ldots(r-\varrho)} = \binom{-1}{r-\varrho}\binom{a}{\varrho}\binom{a-\varrho-1}{r-\varrho}$$

bringen. Da nun dieser Ausdruck als Produkt von r Faktoren erster Ordnung selbst eine arithmetische Reihe r-ter Ordnung ist, die mit $\left\{{a \atop r,\varrho}\right\} r$ aufeinanderfolgende Glieder gemein hat, so sind beide Reihen identisch, also

$$\left\{{a \atop r,\varrho}\right\} = \binom{-1}{r-\varrho}\binom{a}{\varrho}\binom{a-\varrho-1}{r-\varrho}.$$

§ 13. Binomische Formanten.

Bilden wir aus $r+1$ aufeinanderfolgenden Formanten r-ter Ordnung:

$$\binom{a}{r},\quad \binom{a+1}{r},\quad \binom{a+2}{r},\quad \ldots;\quad \binom{a+r-1}{r},\quad \binom{a+r}{r}$$

oder

$$\binom{a-r+1}{r},\quad \binom{a-r+2}{r},\quad \binom{a-r+2}{r},\quad \ldots,\quad \binom{a}{r},\quad \binom{a+1}{r}$$

das zugehörige Zahlendreieck, so ist dessen erste (linke) Seite, in A-Formanten:

$$\binom{a}{r},\quad \binom{a}{r-1},\quad \binom{a}{r-2},\quad \ldots\quad \binom{a}{1},\quad \binom{a}{0},$$

und deren zweite (rechte) Seite in B-Formanten:

$$\binom{a+1}{r},\quad \binom{a+1}{r-1},\quad \binom{a+1}{r-2},\quad \ldots\quad \binom{a+1}{1},\quad \binom{a+1}{0}.$$

Aus diesen Konstituenten geht nun die Darstellung binomischer Formanten als Polyform einfacher unmittelbar hervor, und zwar ist

(1a) $\quad \binom{a+n}{r} = \binom{a}{r}\binom{n}{0} + \binom{a}{r-1}\binom{n}{1} + \binom{a}{r-2}\binom{n}{2} + \cdots + \binom{a}{1}\binom{n}{r-1} + \binom{a}{0}\binom{n}{r}$

und $\quad \binom{a+1+n}{r} = \binom{a+1}{r}\binom{n}{0} + \binom{a+1}{r-1}\binom{n}{1} + \binom{a+1}{r-2}\binom{n}{2} + \cdots$
$\qquad\qquad\qquad\qquad\qquad + \binom{a+1}{1}\binom{n}{r-1} + \binom{a+1}{0}\binom{n}{r}$

oder, wenn hierin $a+1=b$ gesetzt wird,

(1b) $\quad \binom{b+n}{r} = \binom{b}{r}\binom{n}{0} + \binom{b}{r-1}\binom{n}{1} + \binom{b}{r-2}\binom{n}{2} + \cdots + \binom{b}{1}\binom{n}{r-1} + \binom{b}{0}\binom{n}{r}$

Setzen wir hierin $n = -m$, so ergeben sich die Formen

(2a) $\binom{a-m}{r} = \binom{a}{r}\binom{m}{0} - \binom{a}{r-1}\binom{m}{1} + \binom{a}{r-2}\binom{m-1}{2} - \cdots \mp \binom{a}{1}\binom{a}{0}\binom{m+r-1}{r}$

(2b) $\binom{b-m}{r} = \binom{b}{r}\binom{m-1}{0} - \binom{b}{r-1}\binom{m}{1} + \binom{b}{r-2}\binom{m-1}{2} - \cdots \mp \binom{b}{r}\binom{m-r-1}{0}$

$= \binom{b}{r}\binom{1}{m} - \binom{b}{r-1}\binom{2}{m-1} + \binom{b}{r-2}\binom{3}{m-2} - \cdots \mp \binom{b}{r}\binom{r+1}{0}\binom{}{m-r}$.

§ 14. Differenzen und Summen von Formanten.

Aus den binomischen Formeln des vorigen Paragraphen ergeben sich nun folgende Ausdrücke für Differenzen von Formanten:

(1a) $\binom{a+n}{r} - \binom{a}{r} = \binom{a}{r-1}\binom{n}{1} + \binom{a}{r-2}\binom{n}{2} + \cdots + \binom{a}{1}\binom{n}{r-1} + \binom{a}{0}\binom{n}{r}$

oder, wenn $a + n = b$ gesetzt wird,

$\binom{b}{r} - \binom{a}{r} = \binom{a}{r-1}\binom{b-a}{1} + \binom{a}{r-2}\binom{b-a}{2} + \cdots + \binom{a}{1}\binom{b-a}{r-1} + \binom{a}{0}\binom{b-a}{r}$.

(2a) $\binom{a}{r} - \binom{a-m}{r} = \binom{a}{r-1}\binom{m}{1} - \binom{a}{r-2}\binom{m-1}{2} + - \cdots + \binom{-1}{r+1}\binom{a}{0}\binom{m+r-1}{r}$

oder, wenn $a - m = b$ gesetzt wird,

$\binom{a}{r} - \binom{b}{r} = \binom{a}{r-1}\binom{a-b}{1} - \binom{a}{r-2}\binom{a-b-1}{2} + - \cdots + \binom{-1}{r+1}\binom{a}{0}\binom{a-b+r-1}{r}$.

Ebenso ist

(1b) $\binom{b+n}{r} - \binom{b}{r} = \binom{b}{r-1}\binom{n}{1} + \binom{b}{r-2}\binom{n}{2} + \cdots + \binom{b}{1}\binom{n}{r-1} + \binom{b}{0}\binom{n}{r}$

oder, wenn $b + n = a$ gesetzt wird,

$\binom{a}{r} - \binom{b}{r} = \binom{b}{r-1}\binom{a-b}{1} + \binom{b}{r-2}\binom{a-b}{2} + \cdots + \binom{b}{1}\binom{a-b}{r-1} + \binom{b}{0}\binom{a-b}{r}$

(2b) $\binom{b}{r} - \binom{b-m}{r} = \binom{b}{r-1}\binom{m}{1} - \binom{b}{r-2}\binom{m-1}{2} - \cdots \mp \binom{-1}{r+1}\binom{b}{0}\binom{m-r-1}{r}$

oder, wenn $b - m = a$ gesetzt wird,

$\binom{b}{r} - \binom{a}{r} = \binom{b}{r-1}\binom{b-a}{1} - \binom{b}{r-2}\binom{b-a}{2} + - \cdots + \binom{-1}{r+1}\binom{b}{0}\binom{b-a-r-1}{r}$

Ist die Reihe von ungerader Ordnung, so läßt sich auch die Summe zweier Formanten in ähnlicher Weise wie die Differenz darstellen. Ist nämlich r eine ungerade Zahl, so ist

$\binom{-n}{r} = -\binom{r-1-n}{r} = -\binom{n}{r}$, $\binom{-n-r-1}{r} = -\binom{n}{r}$.

Setzen wir daher in (1a) $a = -c + r - 1$, und in (2a) $b = -c + r - 1$, so erhalten wir

(4a) $\binom{b+c}{r} = \binom{c-1}{r-1}\binom{b+c-r+1}{1} - \binom{c-2}{r-2}\binom{b+c-r+1}{2}$

$+ \binom{c-3}{r-3}\binom{b+c-r+1}{3} - \cdots - \binom{c-r}{0}\binom{b+c-r+1}{r}$

Die Zahlenreihen. 21

(5a) $\binom{a}{r}+\binom{c}{r}=\binom{a}{r-1}\binom{a+c-r+1}{1}-\binom{a}{r-2}\binom{a+c-r+2}{2}$
$\qquad +\binom{a}{r-3}\binom{a+c-r+3}{3}-+\cdots-\binom{a}{0}\binom{a+c}{r}.$

Ebenso erhalten wir durch Substitution von $b=-c-r-1$ in (1b) und von $a=-c-r+1$ in (2b) die Gleichungen

(4b) $\binom{a}{r}+\binom{c}{r}=\binom{c+1}{r-1}\binom{a+c+r-1}{1}-\binom{c+2}{r-2}\binom{a+c+r-1}{2}$
$\qquad +\binom{c+3}{r-3}\binom{a+c+r-1}{3}-+\cdots-\binom{c+r}{0}\binom{a+c+r-1}{r}.$

(5b) $\binom{b}{r}+\binom{c}{r}=\binom{b}{r-1}\binom{b+c+r-1}{1}-\binom{b}{r-2}\binom{b+c+r-2}{2}$
$\qquad +\binom{b}{r-3}\binom{b+c+r-3}{3}-+\cdots-\binom{b}{0}\binom{b+c}{r}.$

§ 15. Die Umformung der Reihenformen.

Jede arithmetische Reihe hat unendlich viele verschiedene Formen, denn sie läßt sich auf (zweifach) unendlich verschiedene Weise aus Konstituenten bilden. — Die verschiedenen Formen einer Reihe lassen sich jedoch auch aus einer gegebenen Form der Reihe durch Transformation ableiten.

Wird nämlich der Term n einer Reihe $\left(v_r^{\prime\prime}\right)$ durch einen anderen Term m ersetzt, welcher zu n in einer solchen Beziehung steht, daß jedem Wert von n ein solcher von m und umgekehrt entspricht, so ist die zweite Reihe offenbar mit der ersten der Substanz nach identisch. Beide Reihen enthalten dieselben Glieder. Durch eine solche Substitution entsteht also nur eine neue Form derselben Reihe, sie bedeutet lediglich eine Transformation.

Es gibt nun zwei Arten von arithmetischen Beziehungen zwischen n und m, welche den angegebenen Bedingungen genügen, nämlich

(1) $\qquad n = m + q, \qquad n - m = q$
(2) $\qquad n = q - m, \qquad n + m = q$

wo q jedesmal eine positive oder negative Konstante bedeutet. — Denken wir uns die Terme n und m verändert, so wird, wenn der eine die Reihe der natürlichen Zahlen durchläuft, der andere es ebenfalls tun, jedoch werden im ersten Falle beide Terme sich in gleicher Richtung bewegen, im zweiten Falle dagegen entgegengesetzt. Entsprechende Paare von Termen n_1, m_1 und n_2, m_2 stehen im ersten Falle in arithmetischem Verhältnis zueinander, d. h. es ist $n_1 - m_1 = n_2 - m_2$, im zweiten Falle dagegen in umgekehrt arithmetischem Verhältnis: Es ist $n_1 + m_1 = n_2 + m_2$. Im ersten Falle sind entsprechende Terme immer um dieselbe Anzahl von Gliedern gegeneinander verschoben, im zweiten Falle dagegen liegen entsprechende Terme symmetrisch zueinander in bezug auf ein beliebig ausgewähltes Paar als Grundpaar der Symmetrie. Wird als solches das Paar n_1, m_1 gewählt, so gilt allgemein $m - n_1 = m_1 - n$ oder $n_1 - n = m - m_1$, wo n und m die veränderlichen Terme darstellen. Bei Veränderungen von n und m wächst m in demselben Maße, in welchem n abnimmt und umgekehrt. Ist $n < n_1$, so ist $m > m_1$, und ist $n > n_1$, so ist $m < m_1$.

Statt nun die Symmetrie der Terme auf ein beliebig ausgewähltes Grundpaar zu beziehen, kann man sie auch auf eine bestimmte Stelle der Reihe beziehen, deren Lage davon abhängt, ob die Konstante q eine gerade oder eine ungerade Zahl ist.

1. Es sei q eine gerade Zahl, also durch die Form $2\varkappa$ darstellbar. Es ist dann $m + n = 2\varkappa$, also $n - \varkappa = \varkappa - m$ und wir können das Grundpaar n_1, m_1 durch den einen Term $\varkappa$ ersetzen. Dieser heißt dann der **Mittelpunkt der Symmetrie** oder der **Symmetriepunkt** des umgekehrt arithmetischen Verhältnisses. Der Term $\varkappa$ entspricht sich dann selber, während die symmetrisch zu $\varkappa$ gelegenen Terme einander gegenseitig entsprechen. Wir nennen die Symmetrie in diesem Falle eine **unpaarige**.

2. Es sei q eine ungerade Zahl, also durch die Form $2\varkappa - 1$ darstellbar. Es ist dann $m + n = 2\varkappa - 1$ oder $n - \varkappa = (\varkappa - 1) - m$. Es entsprechen einander dann also die beiden aufeinanderfolgenden Terme $\varkappa$ und $\varkappa - 1$, sowie alle zu diesem Paar symmetrisch gelegenen. Der Symmetriepunkt des Verhältnisses liegt in diesem Fall zwischen den beiden **Mittelgliedern** $\varkappa$ und $\varkappa + 1$ und die Symmetrie heißt eine **paarige**.

Besondere Fälle der Symmetrie liegen vor, wenn $\varkappa = 0$, also $q = 0$ oder $q = 1$ ist. Im Falle $q = 0$ oder $m = -n$ ist die Symmetrie unpaarig und der Symmetriepunkt ist $m = n = 0$. Im Falle $q = 1$ oder $m + n = 1$ ist die Symmetrie paarig und der Symmetriepunkt liegt zwischen 0 und 1.

Aus diesen Beziehungen der Terme ergeben sich nun folgende Beziehungen der Reihe c_r^n zu der mit ihr identischen Reihe, welche durch eine der beiden Substitutionen aus ihr hervorgeht.

1. Wird $n = m + q$ in die Reihe

$$c_r^n = k + h\,{}^n_1 + g\,{}^n_2 + \ldots + c\,{}^n_{r-2} + b\,{}^n_{r-1} + a\,{}^n_r$$

substituiert, so entsteht die neue Form

$$v_r^{m+q} = k + h\,{}^{m+q}_1 + g\,{}^{m+q}_2 + \ldots + c\,{}^{m+q}_{r-2} + b\,{}^{m+q}_{r-1} + a\,{}^{m+q}_r).$$

Entwickeln wir hierin die binomischen Formanten (§ 12) und ordnen wir die entstehenden Posten nach Formanten der Veränderlichen m, so ergibt sich

$$(3) \quad c_r^{m+q} = c_r^q \cdot {}^m_0 + f^1 c_r^q \cdot {}^m_1 + f^2 c_r^q \cdot {}^m_2 + \ldots + f^{r-1} c_r^q \cdot {}^m_{r-1} + f^r c_r^q \cdot {}^m_r.$$

Es haben sich also alle Konstituenten der Reihe geändert bis auf den letzten und Hauptkonstituenten $\int (v_r^q) = a$, welcher vom Term q unabhängig ist, und daher der invariable Konstituent der Reihe genannt werden soll. Das Anfangsglied der Reihe nach der ursprünglichen Form war $(v_r^0) = k$, nach der neuen ist es $(v_r^q) = k + h \binom{q}{1} + g \binom{q}{2} + \ldots + a \binom{q}{r}$. Es ist also, und mit ihm alle Glieder der Reihe, um q Glieder verschoben nach rechts oder nach links, je nachdem q positiv oder negativ ist. — Die Reihe hat also durch die Substitution eine bloße Verschiebung oder Dilation erfahren.

Zur Abkürzung der Bezeichnungsweise wollen wir

$$(3') \quad (v_r^{m+q}) = (v_r'^{m}) = k' + h' \binom{m}{1} + g' \binom{m}{2} + f' \binom{m}{3} + \ldots$$
$$+ c' \binom{m}{r-2} + b' \binom{m}{r-1} + a \binom{m}{r}$$

schreiben.

2. Die Substitution $n = -m + q$ dagegen bewirkt eine vollkommene Umkehrung der Reihenfolge der Glieder der Reihe oder eine Konversion der Reihe. Die einfachste Form der konversen Reihe ergibt sich durch Substitution von $-m$ für m in (3) oder (3'). Verwandeln wir dabei die A-Formanten in B-Formanten, so ergibt sich

$$(4) \quad (v_r^{-m+q}) = (v_r'^{-m}) = k' - h' \binom{m}{1} + g' \binom{m}{2} - f' \binom{m}{3} + - \ldots$$
$$+ \binom{-1}{r-2} c' \binom{m}{r-2} + \binom{-1}{r-1} b' \binom{m}{r-1} + \binom{-1}{r} a \binom{m}{r}.$$

Ist $q = 0$, $n = -m$, so ist einfach

$$(5) \quad (v_r^{-m}) = k - h \binom{m}{1} + g \binom{m}{2} - + \ldots \binom{-1}{r-1} b \binom{m}{r-1} + \binom{-1}{r} a \binom{m}{r}.$$

Bei dieser Art der Konversion, welche in den meisten Fällen die zweckmäßigste weil einfachste ist, verändern die Formanten ihre Form. Wäre die ursprüngliche Reihe in B-Formanten gegeben, so würde die konverse Reihe in A-Formanten in analoger Weise dargestellt.

Es gibt jedoch auch Fälle, in welchem diese Form der Darstellung nicht genügt, sondern verlangt wird, daß die konverse Reihe in Formanten derselben Art ausgedrückt werde, wie die ursprüngliche. Es muß dann

$$(v_r^{-m+q}) = (v_r'^{-m}) = k' - h' \binom{m}{1} + g' \binom{m+1}{2} - f' \binom{m+2}{3} + - \ldots$$
$$+ \binom{-1}{r-2} c' \binom{m+r-3}{r-2} + \binom{-1}{r-1} b' \binom{m+r-2}{r-1} + \binom{-1}{r} a \binom{m+r-1}{r}$$

gesetzt und hierin müssen die binomischen Formanten entwickelt und die entstehenden Posten nach Formanten von m geordnet werden.

Es entsteht so die Form

$$(6)\quad v'{-m \atop r}\,q = \left(v'{-m \atop r}\right) - \left(v'{-0 \atop r}\right) + \int\left(v'{-0 \atop r}\right){m \atop 1} + \int^2\left(v'{-0 \atop r}\right){m \atop 2}$$
$$+ \int^3\left(v'{-0 \atop r}\right){m \atop 3} + \ldots + \int^{r-2}\left(v'{-0 \atop r}\right)\binom{m}{r-2}$$
$$+ \int^{r-1}\left(v'{-0 \atop r}\right)\binom{m}{r-1} + \int^{r}\left(v'{-0 \atop r}\right){m \atop r},$$

wo

$$\left(v'{-0 \atop r}\right)\;k'$$

$$\int v'{-0 \atop r} = -h' + g' - f' + \ldots + \binom{-1}{r-2}c' + \binom{-1}{r-1}b' - {-1 \atop r}a$$

$$\int^2 v'{-0 \atop r} = g' - {-2 \atop 1}f' + \ldots + \binom{-1}{r-2}\binom{r-3}{1}c' + \binom{-1}{r-1}\binom{r-2}{1}b'$$
$$+ \binom{-1}{r}\binom{r-1}{1}a$$

$$\int^3\left(v'{-0 \atop r}\right) = -f' + \ldots + \binom{-1}{r-2}\binom{r-3}{2}c' + {-1 \atop r}\binom{r-2}{2}b' + {-1 \atop r}\binom{r-1}{2}a$$

$$\int^{r-2} v'{-0 \atop r} = \binom{-1}{r-2}c' + \binom{-1}{r-1}\binom{r-2}{1}b' + {-1 \atop r}\binom{r-1}{2}a$$

$$\int^{r-1}\left(v'{-0 \atop r}\right) = \binom{-1}{r-1}b' + \binom{-1}{r}\binom{r-1}{1}a$$

$$\int^{r}\left(v'{-0 \atop r}\right) = \binom{-1}{r}a.$$

3. Unter der **Inversion einer Reihe** verstehen wir die Ersetzung einer Reihe durch eine andere, deren Glieder denen der ersten dem absoluten Betrage nach gleich, aber von entgegengesetztem Vorzeichen sind. Die Form der zu einer gegebenen inversen Reihe erhalten wir daher, indem wir das Vorzeichen sämtlicher Posten der Form umkehren oder sie mit -1 multiplizieren. Die Inversion ist keine bloße Transformation, sondern eine substantielle Veränderung der Reihe.

§ 16. Voneinander abhängige Reihen.

Es sei $f(x)$ eine beliebige ganzzahlige Form, d. h. ein arithmetischer Ausdruck, der für ganzzahlige Terme ganze Zahlen liefert. Er ist dann der Repräsentant dieser aus ihm hervorgehenden, durch ihn geformten Zahlen, die wir daher in bezug auf $f(x)$ **konform** nennen. Die Gesamtheit dieser konformen Zahlen bildet nun zunächst nur eine ungeordnete Mannigfaltigkeit, keine Reihe. Erst wenn wir $x \;{x \atop 1}$ als Form der natürlichen Zahlenreihe auffassen, wird $f(x)$ zur Form einer Reihe, indem wir die aus ihr hervorgehenden Zahlen der Reihe der Terme zuordnen. Also nur unter dieser Bedingung stellt $f(x)$ eine Zahlenreihe dar. Zugleich ergibt sich, daß dieselbe Form unendlich viele verschiedene Reihen darstellt, je nach der Reihe, welche man x durchlaufen läßt, daß also $x\;{x \atop 1}$ nur ein Spezialfall unter unendlich vielen ist. Die

Zahlen der Mannigfaltigkeit $f(x)$ lassen sich eben auf die verschiedenste Weise auswählen und ordnen, und dieses geschieht, indem wir die Terme determiniren und ordnen. Die Ordnung der Glieder der Reihe ist von der Ordnung der Terme abhängig. Wir pflegen jedoch eine Form $f(x)$ als unabhängige Form einer Reihe zu betrachten, wenn x die natürliche Zahlenreihe durchläuft und erst wenn x irgend eine andere Reihe durchlaufen soll, nennen wir die Reihe $f(x)$ von dieser zweiten Reihe abhängig. Die Reihe, welche x durchläuft, kann durch Aufzählung ihrer Glieder: $x_0, x_1, x_2, \ldots, x_r$ als endliche Strecke gegeben sein, sie kann auch durch eine unabhängige Reihe $x = q(y)$ definiert sein. Im letzteren Falle können wir durch Substitution von $q(y)$ für x in $f(x)$ aus der abhängigen Form $f(x)$ eine unabhängige $f(q(y))$ herstellen.

Die Differenzen einer Form $f(x)$, deren Term und dessen Veränderungen von einer anderen Reihe abhängig ist, bilden sich nun nicht, wie die der unabhängigen Formen, vielmehr ist

$$\Delta f(x) = f(x + \Delta x) - f(x),$$

wo Δx nicht gleich 1 ist, sondern durch $x = q(y)$ bestimmt ist[1]). Insbesondere ist dann (§ 12, 1a)

$$\int \binom{x}{r} = \binom{x + \Delta x}{r} - \binom{x}{r}$$
$$= \binom{x}{r-1}\binom{\Delta x}{1} + \binom{x}{r-2}\binom{\Delta x}{2} + \cdots + \binom{x}{1}\binom{\Delta x}{r-1} + \binom{x}{0}\binom{\Delta x}{r}$$

und eine analoge Form hat $\int \binom{x}{r}$.

Die Differenz eines Produktes zweier Reihen (vgl. § 10) gestaltet sich folgendermaßen:

$$\Delta \{q(x) \cdot \chi(x)\} = q(x + \Delta x) \cdot \Delta \chi(x) + \Delta q(x) \cdot \chi(x)$$
$$= q(x) \cdot \Delta \chi(x) + \Delta q(x) \cdot \chi(x + \Delta x).$$

§ 17. Substitutionen in arithmetische Reihen.

Sind $f(x)$ und $q(y)$ arithmetische Reihen m-ter bzw. n-ter Ordnung, so ist das Resultat der Substitution $f(q(y))$ eine arithmetische Reihe $m+n$-ter Ordnung, wie sich leicht zeigen läßt, wenn man beide Reihen als Potenzpolynome darstellt. Es läßt sich daher $f(q(y))$ als Polyform $m \cdot n$-ter Ordnung entwickeln. Zu dem Zwecke brauchen wir $m+n+1 = r+1$ Glieder der Reihe $q(y)$, die wir durch

$$x_0 = q(0), \quad x_1 = q(1), \quad x_2 = q(2), \ldots, x_r = q(r)$$

bezeichnen wollen. Aus ihnen ergeben sich ebensoviele Glieder der Reihe $f(x)$, nämlich $f(x_0), f(x_1), f(x_2), \ldots, f(x_r)$, und hieraus

---

[1]) Die Einführung variabler Inkremente in der Differenzen-Rechnung ist bei abhängigen Reihen eine Notwendigkeit, wie im Gegensatz zu Seliwanoff (Enzyklopädie der math. Wissenschaften I, S. 919, Anm. 2) ausdrücklich bemerkt sei.

die linke Seite des aus ihnen gebildeten Zahlendreiecks: $f(x_0)$, $\Delta f(x_0)$, $\Delta^2 f(x_0)$, ..., $\Delta^r f(x_0)$. Es ist dann

$$f(\varphi(y)) = f(x_0) + \Delta f(x_0)(y_1) + \Delta^2 f(x_0)(y_2) + \ldots + \Delta^r f(x_0)(y_r).$$

Die Konstituenten dieser Form lassen sich, außer in der angegebenen Weise mittels des Zahlendreiecks, oder der Gleichung

$$\Delta^p f(x_0) = f(x_p) - (p_1) f(x_{p-1}) + (p_2) f(x_{p-2}) - + \ldots + \binom{-1}{r}\binom{r}{r} f(x_0)$$

auch unmittelbar aus $f(x)$ bilden, indem man nach den Regeln des vorigen Paragraphen $\Delta f(x)$, $\Delta^2 f(x)$, ..., $\Delta^r f(x)$ bildet und hierin x_0 für x setzt.

Die einfachste Substitution ist die einer Reihe erster Ordnung: $x = \alpha y + \beta$. Den Fall $\alpha = 1$ und $\alpha = -1$ haben wir schon oben erledigt. Diese Substitutionen bedeuteten nur Transformationen, während wenn α von 1 und -1 verschieden ist, durch die Substitution eine Auswahl aus den Gliedern der Reihe stattfindet, so daß die neue Reihe der gegebenen subsumiert ist. — Es genügt, die Substitution in eine Formante $\binom{x}{r}$ zu betrachten und $x = \alpha y$ zu setzen, da die Substitution von $\alpha y + \beta$ auf eine Form führt, deren Posten aus Formanten von αy mit konstanten Koeffizienten bestehen.

Durch Bildung der Formen der Differenzreihen von $\binom{x}{r}$ unter Berücksichtigung von $x = \alpha y$, $\Delta x = \alpha$, $\Delta^2 x = 0$, ... gelangt man zu folgenden Ergebnissen der Substitutionen

$$\binom{\alpha y}{1} = \alpha \binom{y}{1}$$

$$\binom{\alpha y}{2} = \alpha^2 \binom{y}{2} + \binom{\alpha}{2}\binom{y}{1}$$

$$\binom{\alpha y}{3} = \alpha^3 \binom{y}{3} + 2\binom{\alpha}{1}\binom{\alpha}{2}\binom{y}{2} + \binom{\alpha}{3}\binom{y}{1}$$

$$\binom{\alpha y}{4} = \alpha^4 \binom{y}{4} + 3\alpha^2 \binom{\alpha}{2}\binom{y}{3} + \left\{\binom{\alpha}{2}^2 + 2\binom{\alpha}{1}\binom{\alpha}{3}\right\}\binom{y}{2} + \binom{\alpha}{4}\binom{y}{1}$$

$$\binom{\alpha y}{5} = \alpha^5 \binom{y}{5} + 4\alpha^3 \binom{\alpha}{2}\binom{y}{4} + 3\left\{\alpha^2 \binom{\alpha}{3} + \alpha \binom{\alpha}{2}^2\right\}\binom{y}{3}$$
$$+ 2\left\{\binom{\alpha}{1}\binom{\alpha}{4} + \binom{\alpha}{2}\binom{\alpha}{3}\right\}\binom{y}{2} + \binom{\alpha}{5}\binom{y}{1}.$$

Die Resultate dieser Substitution in einfache Formanten sind also recht kompliziert im Gegensatz zu den einfachen Resultaten der gleichen Substitution in Potenzen.

§ 18. Arithmetische Reihen mit gebrochenen Termen und Konstituenten.

Mit der Erweiterung des Formantenbegriffes auf gebrochene Terme sind zugleich auch die allgemeinen arithmetischen Reihen, sofern sie durch Polyforme gegeben sind, für gebrochene Terme definiert. Hier wie dort bedeutet die Zulassung von Termen von der Form $\dfrac{m}{p}$ mit konstantem Nenner an Stelle der ganzzahligen Terme die Interpolation von $p-1$ Gliedern zwischen je zwei benachbarten ganzzahligen Gliedern. Die interpolierten Glieder sind im allgemeinen gebrochen, können jedoch auch ganzzahlig sein.

Betrachten wir $\dfrac{m}{p}$ als Produkt $\dfrac{1}{p}\cdot m$, so kann man die einzelnen Formanten von $\left(v\dfrac{1}{p}\cdot m\right)$ nach den Gleichungen in § 17, indem man $a = \dfrac{1}{p}$ setzt, als Polyforme des ganzzahligen Terms m aber mit gebrochenen Konstituenten entwickeln, und erhält so auch für die ganze Reihe eine Form mit gebrochenen Konstituenten. — Übrigens war schon bei der Bildung der arithmetischen Reihen die Wahl solcher Konstituenten nicht ausgeschlossen (§ 1).

Wird in die ganzzahlige Form $\left(v_r^x\right)$ durch die Substitution $x = y \dfrac{p}{q}$ die neue Variable y eingeführt, während $\dfrac{p}{q}$ einen konstanten Bruch darstellt, so entsteht ebenfalls eine Reihe mit gebrochenen Konstituenten, deren Glieder im allgemeinen gebrochene Zahlen sind, insbesondere auch für ganzzahlige Werte von y. Bindet man dagegen y an die Werte der Reihe $\left(\dfrac{x}{1}\right) = \dfrac{p}{q}$, betrachtet man also die Reihe $\left(v_r^{y\frac{p}{q}}\right)$ als eine abhängige, so erhält man die ganzzahligen Glieder der ursprünglichen Reihe $\left(v_r^x\right)$. Es kann also eine Form mit gebrochenen Konstituenten doch eine Reihe mit nur ganzen Zahlen darstellen, wenn die Terme gebrochene Zahlen bestimmter Form sind.

§ 19. Die Darstellung der arithmetischen Reihen durch Potenzpolynome.

Eine arithmetische Reihe r-ter Ordnung kann statt durch ein Polyform immer auch durch ein Potenzpolynom r-ten Grades dargestellt werden. Denn setzen wir

$$a\binom{x}{r} + b\binom{x}{r-1} + c\binom{x}{r-2} + \ldots + g\binom{x}{2} + h\binom{x}{1} + k$$
$$= a'x^r + b'x^{r-1} + c'x^{r-2} + \ldots + g'x^2 + h'x + k'$$

und geben wir hierin x der Reihe nach die Werte $0, 1, 2, 3, \ldots, r$, so erhalten wir die $r+1$ linearen Gleichungen

$$k = k'$$
$$h\binom{1}{1} + k = a' + b' + c' + \ldots + g' + h' + k'$$
$$g\binom{2}{2} + h\binom{2}{1} + k = a'2^r + b'2^{r-1} + c'2^{r-2} + \ldots + g'2^2 + h'2 + k'$$
$$\ldots \ldots \ldots \ldots \ldots \ldots \ldots \ldots \ldots \ldots \ldots \ldots$$

$$a\binom{r}{r} + b\binom{r}{r-1} + c\binom{r}{r-2} + \ldots + h\binom{r}{1} + k$$
$$a'r^r + b'r^{r-1} + c'r^{r-2} + \ldots + g'r^2 + h'r + k',$$

mit deren Hilfe wir sowohl die Koeffizienten des Potenzpolynoms berechnen können, wenn die des Polyforms gegeben sind, als auch umgekehrt. Auch die Formen der Lösungen dieses Gleichungssystems sind nicht schwer zu finden. Durch Subtraktion der vorhergehenden Gleichungen oder Vielfacher von ihnen von den folgenden erhält man zunächst die Konstituenten des Polyforms ausgedrückt durch lineare Formen der Koeffizienten des Polynoms. Mit Hilfe dieser Gleichungen kann man dann wieder umgekehrt die Koeffizienten des Polynoms durch die Konstituenten des Polyforms ausdrücken.

Diese Methode der Koeffizientenvergleichung vollständiger Polyforme und Polynome gibt jedoch keinen hinreichenden Einblick in die Beziehungen, welche zwischen diesen beiden Formen bestehen. Um diese zu erkennen, wird man zunächst einzelne Formanten in Potenzpolynome und umgekehrt einzelne Potenzen in Polyforme verwandeln müssen.

§ 20. Verwandlung von Formanten in Potenzpolynome.

Das Produkt $\prod\limits_{1}^{n}(x-i) = (x-1)(x-2)(x-3)\ldots(x-n)$ läßt sich als ein Potenzpolynom n-ten Grades,

$$\binom{'n}{0}\cdot x^n - \binom{'n}{1}\cdot x^{n-1} + \binom{'n}{2}\cdot x^{n-2} - + \ldots + (-1)^n\binom{'n}{n},$$

darstellen, wo $\binom{'n}{0} = 1$ ist und die übrigen Koeffizienten die Summen der Produkte aus allen Kombinationen der Zahlen $1, 2, 3, \ldots, n$ zu der Klasse darstellen, welche der untere Index angibt. Der letzte Koeffizient $\binom{'n}{n}$ ist also gleich $n!$ — Wir nennen diese Koeffizienten daher Kombinanten, $\binom{'n}{r}$ insbesondere die Kombinante der n ersten Zahlen oder kurz von n zur r-ten Klasse.

Die Kombinanten der folgenden Klasse stehen nun mit denen der vorhergehenden in folgendem Zusammenhang

$$(r+1)\binom{'r}{r} + (r+2)\binom{'r}{r-1} + (r+3)\binom{'r}{r-2} + \ldots + n\binom{'n-1}{r}\cdot \binom{'n}{r+1}$$

woraus sich unmittelbar das Bildungsgesetz

(1) $$\binom{'n}{r+1} + (n+1)\cdot\binom{'n}{r} = \binom{'n+1}{r+1}$$

ergibt, nach welchem die folgende Tabelle der Kombinanten aus $\binom{'1}{0} = 1$ und $\binom{'1}{1} = 1$ berechnet wurde.

Die Zahlenreihen.

	$C_0^{\prime n}$	$C_1^{\prime n}$	$C_2^{\prime n}$	$C_3^{\prime n}$	$C_4^{\prime n}$	$C_5^{\prime n}$	$C_6^{\prime n}$	$C_7^{\prime n}$	$C_8^{\prime n}$	$C_9^{\prime n}$
$C_r^{\prime 0}$	1	0								
$C_r^{\prime 1}$	1	1	0							
$C_r^{\prime 2}$	1	3	2	0						
$C_r^{\prime 3}$	1	6	11	6	0					
$C_r^{\prime 4}$	1	10	35	50	24	0				
$C_r^{\prime 5}$	1	15	85	225	274	120	0			
$C_r^{\prime 6}$	1	21	175	735	1624	1764	720	0		
$C_r^{\prime 7}$	1	28	322	1960	6769	13132	13068	5040	0	
$C_r^{\prime 8}$	1	36	546	4536	22449	67284	118124	109584	40320	0
$C_r^{\prime 9}$	1	45	870	9450	63273	269325	723680	1172700	1026576	362880

Betrachten wir eine Kolonne in dieser Tabelle, so ist

(2) $$JC_{r+1}^{\prime n} = C_{r+1}^{\prime n+1} - C_{r+1}^{\prime n} = (n+1)C_r^{\prime n}.$$

Die Differenzreihe einer Kolonne besteht also aus den $n+1$-fachen Gliedern der vorhergehenden Kolonne. Ist also eine der Kolonnen eine arithmetische Reihe, so ist die Differenzreihe der folgenden Kolonne ebenfalls eine arithmetische Reihe und zwar von um 1 höherer Ordnung, die Kolonne selbst also eine arithmetische Reihe von um 2 höherer Ordnung. Nun ist in der Tat die Kolonne $C_0^{\prime n}$, welche aus lauter Einheiten besteht, eine arithmetische Reihe 0-ter Ordnung, und die folgende Kolonne $C_1^{\prime n} = \binom{n+1}{2}$ als Formantenreihe eine arithmetische Reihe 2-ter Ordnung, also die Reihe $C_2^{\prime n}$ eine solche 4-ter Ordnung usw. — Allgemein ist demnach die Kolonne $C_r^{\prime n}$ eine arithmetische Reihe $2r$-ter Ordnung.

Mit Hilfe der Kombinanten können wir nun jede Formante und damit auch jedes Polyform in ein Polynom verwandeln. Es ist nämlich

$$\binom{x}{n} = \frac{x \cdot \prod_{1}^{n-1}(x-i)}{n!}$$

$$= \frac{C_0^{\prime n-1}}{n!}x^n - \frac{C_1^{\prime n-1}}{n!}x^{n-1} + \frac{C_2^{\prime n-1}}{n!}x^{n-2} - + \ldots + (-1)^{n-1}\frac{C_{n-1}^{\prime n-1}}{n!}x.$$

Sämtliche Koeffizienten dieser Form sind echte Brüche, insbesondere ist der erste $\frac{1}{n!}$, der letzte $\frac{1}{n}$. Ein Polyform mit ganzzahligen Koeffizienten hat daher nicht immer ein äquivalentes Potenzpolynom mit ganzzahligen Koeffizienten. Soll die Form

$a\genfrac{}{}{0pt}{}{x}{n}$ einem Polynom mit ganzzahligen Koeffizienten äquivalent sein, so muß a den Faktor $n!$ enthalten, und soll ein Polyform $a\genfrac{}{}{0pt}{}{x}{n} + b\genfrac{}{}{0pt}{}{x}{n-1} + c\genfrac{}{}{0pt}{}{x}{n-2} + \ldots + k\genfrac{}{}{0pt}{}{x}{0}$ durch ein Polynom mit ganzzahligen Koeffizienten darstellbar sein, so müssen $a, b, c, \ldots k$ der Reihe nach durch $n!$, $(n-1)!$, $(n-2)!, \ldots, 1!$ teilbar sein. — Ein Potenzpolynom braucht daher nicht ganzzahlige Koeffizienten zu besitzen, um für alle ganzzahligen Werte des Terms ganze Zahlen zu liefern. — Ist aber ein Polyform gleich einem Polynom mit ganzzahligen Koeffizienten, so sind die Koeffizienten des Polyforms der Reihe nach durch $n!$, $(n-1)!$, $(n-2)!$, $\ldots, 1!$ teilbar.

§ 21. Verwandlung von Potenzen in Polyforme.

Zur Verwandlung von x^n in ein Polyform bedürfen wir $n+1$ aufeinanderfolgende Glieder der durch x^n definierten arithmetischen Reihe. Wir wählen als solche die Glieder $0, 1, 2^n, 3^n, \ldots, n^n$. Bilden wir mit deren Hilfe das zugehörige Zahlendreieck, so ist die Form der Glieder der ersten (linken) Seite dieses Dreiecks

(1) $\quad \Delta^r 0^n = r^n - (r-1)^n \binom{r}{1} + (r-2)^n \binom{r}{2} - + \ldots + \binom{-1}{r-1}\binom{r}{r-1}$.

Wir wollen diese Konstituente der Reihe kurz mit K_n^{r} bezeichnen und die r-te Konformante der n-ten Potenz nennen. Es ist dann

(2) $\quad x^n = K_n^{'1} \cdot \binom{x}{1} + K_n^{'2} \cdot \binom{x}{2} + K_n^{'3} \cdot \binom{x}{3} + \ldots + K_n^{'n} \cdot \binom{x}{n}$.

Das Bildungsgesetz der Konformanten ergibt sich nun folgendermaßen: Es ist

$K_n^{'r} = r\{r^{n-1} - (r-1)^{n-1}\binom{r-1}{1} + (r-2)^{n-1}\binom{r-1}{2} - + \ldots$
$\quad + \binom{-1}{r-1}\binom{r-1}{r-1}\} = r \Gamma_{n-1}^{'r},$

wenn wir die eingeklammerte Größe mit $\Gamma_{n-1}^{'r}$ bezeichnen. Mit Benutzung dieser Relation können wir schreiben:

$(x+1)^{n+1} = \Gamma_n^{'1} \binom{x+1}{1} + 2\Gamma_n^{'2} \binom{x+1}{2} + 3\Gamma_n^{'3} \binom{x+1}{3} + \ldots$
$\quad + (n+1) \Gamma_n^{'n+1} \binom{x+1}{n+1},$

woraus, da allgemein $\alpha \binom{x+1}{\alpha} = (x+1) \binom{x}{\alpha-1}$ ist, nach Division der Gleichung durch $x+1$

$(x+1)^n = \Gamma_n^{'1} + \Gamma_n^{'2} \binom{x}{1} + \Gamma_n^{'3} \binom{x}{2} + \ldots + \Gamma_n^{'n+1} \binom{x}{n}$

hervorgeht.

Aus Gleichung (2) ergibt sich nun nach Umformung

$(x+1)^n = K_n^{'1} + (K_n^{'1} + K_n^{'2}) \binom{x}{1} + (K_n^{'2} + K_n^{'3}) \binom{x}{2} + \ldots + K_n^{'n} \binom{x}{n}$

Vergleichen wir nun die Koeffizienten dieser beiden Formen von $(x+1)^n$, so ergeben sich unter Berücksichtigung von $K'^r_n = r!\,{'}^r_n$ die Relationen

$$K'^n_1 = K'^{\,1}_{n+1}$$
$$2(K'^1_n + K'^2_n) = K'^{\,2}_{n+1}$$
$$3(K'^2_n + K'^3_n) = K'^{\,3}_{n+1}$$
$$\cdots\cdots\cdots\cdots\cdots\cdots$$
$$n(K'^{n-1}_n + K'^n_n) = K'^{\,n}_{n+1}$$
$$(n+1)K'^n_n = K'^{\,n+1}_{n+1}.$$

Von den beiden Endgleichungen abgesehen, lautet also das Bildungsgesetz der Konformanten

(3) $$r(K'^{r-1}_n + K'^r_n) = K'^{\,r}_{n+1}$$

nach welchem die folgende Tabelle berechnet ist.

	K'^1_n	K'^2_n	K'^3_n	K'^4_n	K'^5_n	K'^6_n	K'^7_n	K'^8_n	K'^9_n
K'^r_0	1								
K'^r_1	1	0							
K'^r_2	1	2	0						
K'^r_3	1	6	6	0					
K'^r_4	1	14	36	24	0				
K'^r_5	1	30	150	240	120	0			
K'^r_6	1	62	540	1560	1800	720	0		
K'^r_7	1	126	1806	8400	16800	15120	5040	0	
K'^r_8	1	254	5796	40824	126000	191520	141120	40320	0
K'^r_9	1	510	18150	186480	834120	1905120	2328480	1451520	362880

Kann man eine Potenz in eine Polyform verwandeln, so auch ein Polynom, indem man jeden Posten für sich verwandelt. — Eine praktische Methode daneben ist die, mit Hilfe des gegebenen Polynoms die erforderliche Anzahl aufeinanderfolgender Glieder zu berechnen, was am besten nach der von Descartes angegebenen Methode[1]) geschieht, um aus diesen dann mittels des Zahlendreiecks die Konstituenten der Reihe zu gewinnen.

Nach (2) ist das Polyform $K'^1_n\binom{x}{1} + K'^2_n\binom{x}{2} + \cdots + K'^n_n\binom{x}{n}$ gleich einem (aus einem Posten bestehenden) Polynom mit ganzzahligen

---

[1]) Enzyklopädie der math. Wissenschaften I, S. 409.

Die Zahlenreihen.

Koeffizienten, und darum, nach § 20 (Schlußsatz), jeder Koeffizient des Polyforms durch die entsprechende Fakultät teilbar. Es sind also $\dfrac{K_n^{'2}}{2!}, \dfrac{K_n^{'3}}{3!}, \dfrac{K_n^{'4}}{4!}, \ldots, \dfrac{K_n^{'n}}{n!}$ ganze Zahlen.

Wir nennen sie die **gekürzten Konformanten** und bezeichnen sie mit $K_r^{''n}$. Aus dem Bildungsgesetz der ungekürzten ergibt sich dann einfach das der gekürzten Konformanten. Es ist

$$K_n^{''r-1} + r K_n^{''r} = K_{n+1}^{''r}$$

nach welchem die folgende Tabelle berechnet ist.

	$K_n^{''1}$	$K_n^{''2}$	$K_n^{''3}$	$K_n^{''4}$	$K_n^{''5}$	$K_n^{''6}$	$K_n^{''7}$	$K_n^{''8}$	$K_n^{''9}$
$K_0^{''r}$	1								
$K_1^{''r}$	1	0							
$K_2^{''r}$	1	1	0						
$K_3^{''r}$	1	3	1	0					
$K_4^{''r}$	1	7	6	1	0				
$K_5^{''r}$	1	15	25	10	1	0			
$K_6^{''r}$	1	31	90	65	15	1	0		
$K_7^{''r}$	1	63	301	350	140	21	1	0	
$K_8^{''r}$	1	127	966	1701	1050	266	28	1	0
$K_9^{''r}$	1	255	3025	7770	6951	2646	462	36	1

Die Glieder $K_n^{''r-1}$ und $K_{n+1}^{''r}$ stellen aufeinanderfolgende Glieder einer Diagonalreihe dar. Die Differenzreihe der Diagonalreihe ist also

$$\varDelta(K_n^{''r-1}) = K_{n+1}^{''r} - K_n^{''r-1} = r K_n^{''r}.$$

Die Beziehung der Diagonalreihen zueinander ist daher die analoge wie die der Kolonnen der Kombinanten. Ist eine Diagonalreihe eine arithmetische Reihe, so ist es auch die Differenzreihe der folgenden Diagonale und damit auch diese selbst. Die Ordnung der folgenden Reihe ist um 2 höher als die der vorhergehenden. — Nun ist tatsächlich die zweite Diagonalreihe eine arithmetische Reihe 0-ter Ordnung: Sie besteht aus lauter Einheiten. Also sind es auch alle folgenden. Die dritte insbesondere ist die Reihe der Formanten 2-ter Ordnung. — Die Kolonnen der Tabelle dagegen sind, von der ersten abgesehen, keine arithmetischen Reihen. Die zweite Kolonne hat die Form $2^n - 1$.

§ 22. Symmetrische Reihen.

Von besonderer Bedeutung sind diejenigen Reihen, deren Glieder einander paarweis gleich sind, wobei die gleichen Glieder zugleich symmetrisch angeordnet erscheinen. Die allgemeine Bedingung der Symmetrie einer Reihe (v_r^m) ist daher, daß jedem ihrer Glieder eines in der konversen Reihe v_r^{-m+p} gleich ist, wo p einen zu bestimmenden konstanten Term bedeutet. Es muß also für jeden Wert von m die Gleichung $(v_r^m) = v_r^{-m+p}$ erfüllbar sein. Diese Bedingungsgleichung löst sich nun in ein System von $r+1$ Gleichungen auf, wenn

$$v_r^m = a \binom{m}{r} + b \binom{m}{r-1} + c \binom{m}{r-2} + d \binom{m}{r-3} + \ldots + f \binom{m}{3} + g \binom{m}{2} + h \binom{m}{1} + k$$

ist, die konverse Reihe sich also durch die Form 6 in § 15 darstellen läßt und in der so entstehenden Gleichung die Koeffizienten verglichen werden. — In dem sich daraus ergebenden System der Bedingungsgleichungen ist die erste $a \left(\dfrac{-1}{r}\right) a$. Aus ihr geht unmittelbar hervor, daß eine Reihe nur dann symmetrisch sein kann, wenn r eine gerade Zahl ist. Nur eine Reihe von gerader Ordnung kann also symmetrisch sein. Eine Reihe von ungerader Ordnung kann jedoch die Gleichung $(v_r^m) = -(v_r^{-m+p})$ erfüllen, d. h. jedem Gliede der Reihe kann ein zu ihm symmetrisch gelegenes gleich sein, wenn man das Vorzeichen des letzteren umkehrt. Jedem Gliede entspricht also ein gleiches in der inversen Reihe. Wir nennen daher Reihen ungerader Ordnung, welche dieser Bedingung genügen, invers-symmetrisch. Jede Reihe, einerlei welcher Ordnung, kann also entweder symmetrisch oder invers-symmetrisch sein. Wenn wir im Folgenden von der Symmetrie der Reihen im allgemeinen sprechen, so ist darunter die eigentliche Symmetrie zu verstehen, wenn es sich um Reihen gerader, die inverse dagegen, wenn es sich um Reihen ungerader Ordnung handelt.

Die Bedingungsgleichungen der Symmetrie sind dann allgemein die folgenden:

$$\tfrac{r-1}{1} a - b' \qquad\qquad\qquad\qquad\qquad\qquad\qquad b$$

$$\tfrac{r-1}{2} a - \tfrac{r-2}{1} b' + c' \qquad\qquad\qquad\qquad\qquad c$$

$$\tfrac{r-1}{3} a - \tfrac{r-2}{2} b' + \tfrac{r-3}{1} c' - d' \qquad\qquad\qquad d$$

$$\tfrac{r-1}{4} a - \tfrac{r-2}{3} b' + \tfrac{r-3}{2} c' - \tfrac{r-4}{1} d' + e' \qquad e$$

$$\tfrac{r-1}{2} a - \tfrac{r-2}{2} b' + \tfrac{r-3}{2} c' - \tfrac{r-4}{2} d' + \ldots + f' \qquad f$$

$$\tfrac{r-1}{1} a - \tfrac{r-2}{1} b' + \tfrac{r-3}{1} c' - \tfrac{r-4}{1} d' + \ldots - \tfrac{2}{1} f' + g' \qquad g$$

$$a - b' + c' - d' + \ldots + f' - g' + h' \qquad h$$

$$\qquad\qquad\qquad\qquad\qquad\qquad\qquad\qquad - k' \qquad k$$

wo bei den Symbolen mit doppelten Zeichen das obere gilt, wenn die Ordnung der Reihe gerade, das untere, wenn sie ungerade ist.

Von diesen Bedingungsgleichungen soll nun zunächst die erste
$$(r-1)a - b' = b$$
betrachtet werden als erste und notwendige aber noch nicht hinreichende Bedingung der Symmetrie. Da $b' = \Delta^{r-1}(v_r^q) = a\binom{q}{1} + b$ ist, geht sie über in:

(1) $\qquad 2b = -(q-r+1)a.$

Sie ist offenbar zu erfüllen und nur zu erfüllen, wenn $2b$ ein Vielfaches von a ist. Setzen wir daher $2b = \mu a$, so läßt sich die Konstante q ermitteln. Es ist $q = -(\mu - r + 1)$.

Da $\mu a = 2b$ immer eine gerade Zahl ist, so ist μ gerade, wenn a ungerade ist. Daraus ergeben sich für ungerade a einfache Schlüsse bezüglich der Symmetrie der Reihen.

Die Erfüllung der ersten Bedingung reicht jedoch nicht hin, um die Reihe als eine symmetrische zu erkennen; es müssen vielmehr sämtliche r Bedingungen erfüllt sein. Im konkreten Falle kann man es prüfen, indem man die gegebenen Zahlenwerte der Konstituenten in die Gleichungen einsetzt. Man kann jedoch für die verschiedenen Werte der Ordnungszahl r die speziellen Formen der Bedingungsgleichungen feststellen. Es ergibt sich so folgendes:

a) Für Gleichungen 1. Ordnung ist die einzige Bedingung
$$2b = -qa.$$

b) Für Gleichungen 2. Ordnung genügt ebenfalls die Erfüllung der einen Bedingung
$$2b = -(q-1)a,$$
da die zweite Bedingung $c = c' = a\binom{q}{2} + b\binom{q}{1} + c$ immer zugleich mit dieser erfüllt ist.

c) Für Gleichungen 3. Ordnung ist die erste Bedingung

(1) $\qquad 2b = -(q-2)a.$

Mit ihr zugleich erfüllt ist die zweite Bedingung $c = c' - b' + a$, dagegen nicht die dritte
$$d = -d' = -a\binom{q}{3} - b\binom{q}{2} - c\binom{q}{1} - d,$$
welche nach Elimination von a in

(2) $\qquad b\binom{q}{2} + 3c\binom{q}{1} + 6d = 0$

übergeht.

Viel einfachere Symmetriebedingungen jedoch ergeben sich, wenn wir vorher eine Transformation mit den Reihen vornehmen, so daß die Form der Reihe von der Art der Symmetrie und der Lage des Symmetriepunktes abhängig wird. Die Art der

Symmetrie ergibt sich aus dem Wert von q. Ist q eine gerade Zahl, so ist die Symmetrie der Reihe eine unpaarige, ist q eine ungerade Zahl, so ist sie eine paarige (vgl. § 15).

Ist q eine gerade Zahl, $q=2\varkappa$, also die Reihe unpaarig symmetrisch, so wird durch die Substitution $m=x+\varkappa$ der Symmetriemittelpunkt der Reihe zum Anfangsglied derselben gemacht.

Ist dagegen q eine ungerade Zahl, $q=2\varkappa+1$, also die Reihe paarig symmetrisch, so wird durch die Substitution $m=x+\varkappa$ der Symmetriemittelpunkt zwischen $x=0$ und $x=1$, durch die Substitution $m=x+\varkappa+1$ der Symmetriemittelpunkt zwischen $x=-1$ und $x=0$ verlegt.

Nehmen wir nun an, daß diese Substitutionen schon an den Reihen vollzogen sind, so gestalten sich die Bedingungen der Symmetrie für die beiden Hauptfälle folgendermaßen:

1. **Unpaarig symmetrische Reihen.** Ist das Nullglied der Reihe der Symmetriemittelpunkt, so ist $\binom{v^m}{r} = \binom{-1}{r}\binom{v^{-m}}{r}$ und darum nach § 15 $b'=b$, $c'=c$, $d'=d$ usw. Die Bedingungsgleichungen der Symmetrie sind dann:

(1) $\binom{r-1}{1}a - 2b = 0$

(2) $\binom{r-1}{2}a - \binom{r-2}{1}b = 0$

(3) $\binom{r-1}{3}a - \binom{r-2}{2}b + \binom{r-3}{1}c - 2d = 0$

(4) $\binom{r-1}{4}a - \binom{r-2}{3}b + \binom{r-3}{2}c - \binom{r-4}{1}d = 0$

. . . .

$(r-3)$ $\binom{r-1}{2}a - \binom{r-2}{2}b + \binom{r-3}{2}c - \ldots + f - f = 0$

$(r-2)$ $\binom{r-1}{1}a - \binom{r-2}{1}b + \binom{r-3}{1}c - \ldots + \binom{2}{1}f + g - g = 0$

$(r-1)$ $\quad a - \quad b + \quad c - \ldots + f \quad + g + h - h = 0$

(r) $\hspace{5cm} + k - k = 0$

Zu jeder Reihe gehören so viele Bedingungsgleichungen als die Ordnung der Reihe angibt, doch reduzieren sie sich auf eine geringere Zahl, da die Gleichungen nicht unabhängig voneinander sind. Sie bilden Paare. Die des ersten Paares (1 und 2) sind einander äquivalent. Die des zweiten Paares (3 und 4) reduzieren sich auf $\binom{r-1}{1}a - 2b = 0$ und $-\binom{r-2}{2}b + 3\binom{r-3}{1}c - 6d = 0$ usw. Fällt ein Konstituent aus den Bedingungsgleichungen aus, so bleibt er unbestimmt. Bei Reihen gerader Ordnung ist der letzte Konstituent immer unbestimmt, bei Reihen ungerader Ordnung ist er 0. Für die Reihen der ersten sechs Ordnungen ergeben sich hiernach folgende Bedingungen der Symmetrie.

Reihen 1. O. $r=1$, Bedingungen: $b=0$. —

Reihen 2. O. $r=2$, ,, $a=2b$, $c=\frac{0}{0}$. —

Reihen 3. O. $r=3$, ,, $a=b$, $c=\frac{0}{0}$,
$d=0$. —

Reihen 4. O. $r=4$, ,, $3a=2b$,
$-b+3c-6d=0$, $e=\frac{0}{0}$. —

Reihen 5. O. $r=5$, ,, $2a=b$,
$-b+2c-2d=0$, $e=\frac{0}{0}$,
$f=0$

Reihen 6. O. $r=6$, ,, $5a=2b$,
$-2b+3c-2d=0$,
$a-b+c-d+e-2f=0$, $g=\frac{0}{0}$. —

usw.

Jede Potenz stellt eine unpaarig-symmetrische Reihe dar, deren Symmetriemittelpunkt mit dem Nullglied zusammenfällt. Ist der Exponent geradzahlig, so ist die Symmetrie eigentlich, ist er ungeradzahlig so ist sie invers. — Daraus folgt, daß auch jedes Potenzpolynom mit nur geradzahligen Exponenten eigentlich, jedes mit nur ungeradzahligen Exponenten invers-symmetrisch ist. — Es ergibt sich daraus ein Mittel, eine Reihe, welche durch ein Polyform gegeben ist, auf ihre Symmetrie zu prüfen. Ist sie von gerader Ordnung, so müssen bei der Verwandlung der Form in ein Potenzpolynom die Koeffizienten aller Posten mit ungeraden Exponenten, ist sie von ungerader Ordnung, alle Posten mit geraden Exponenten Null werden.

Jede Formante von ungerader Ordnung stellt eine unpaarig-symmetrische Reihe dar; denn es ist allgemein $r^m - {}_{-m}r = [r-1]$. Also ist $q=r-1$, oder, wenn wir $r=2\varrho+1$ setzen, $q=2\varrho$. — Durch die Substitution $m=x+\varrho$ wird daher das Nullglied $x=0$ zum Mittelpunkt der Symmetrie gemacht, wie bei den Formen r^1_1, r^{x+1}_3, r^{x+2}_5, $r^{x+3}_7 \ldots r^{x+\varrho}_{2\varrho+1}\ldots$ Besteht ein Polyform nur aus Formanten dieser Form, so stellt es eine unpaarig-symmetrische Reihe dar.

2. **Paarig-symmetrische Reihen.** — Ist die Reihe so geformt, daß das Symmetriezentrum zwischen $m=0$ und $m=1$ liegt, so ist $r^m_r = {}_r^{-1} r^{-m+1}_r$; liegt das Symmetriezentrum aber zwischen $m=-1$ und $m=0$, so ist $r^m_r = {}_r^{-1} r^{-m-1}_r$. Setzen wir nun die erste Form voraus, so ist im allgemeinen System der Bedingungsgleichungen $b' = a-b$, $c' = b-c$, $d' = c-d$, usw. zu setzen, und es ergeben sich folgende Bedingungsgleichungen der Symmetrie der Reihen:

Die Zahlenreihen.

(1) $\binom{r-2}{1}a - 2b$ = 0

(2) $\binom{r-2}{2}a - \binom{r-3}{1}b$ = 0

(3) $\binom{r-2}{3}a - \binom{r-3}{2}b + \binom{r-4}{1}c - 2d$ = 0

(4) $\binom{r-2}{4}a - \binom{r-3}{3}b + \binom{r-4}{2}c - \binom{r-5}{1}d$ = 0

. . . .

$(r-3)$ $\binom{r-2}{1}a - \binom{r-3}{1}b + \binom{r-4}{1}c - \binom{r-5}{1}d + \ldots f - f$ = 0

$(r-2)$ $a - b + c - d + \ldots f + g - g$ = 0

$(r-1)$ $+ h - h$ = 0

(r) $+ h + k - k$ = 0

Danach sind für die Reihen der ersten sechs Ordnungen die Bedingungen folgende:

Reihen 1. O. $r = 1$, Bedingung: $a = 2b$,

Reihen 2. O. $r = 2$, ,, $b = 0.$—

Reihen 3. O. $r = 3$, ,, $a = 2b, \; c = 2d.$—

Reihen 4. O. $r = 4$, ,, $a = b, \; c = \frac{0}{0}$,

  $d = 0, \; e = \frac{0}{0}.$—

Reihen 5. O. $r = 5$, ,, $3a = 2b,$

  $a - b + c = 2d = 0, \; e = 2f.$—

Reihen 6. O. $r = 6$, ,, $2a = b,$

  $a - b + c - d = 0, \; e = \frac{0}{0}$,

  $f = 0, \; g = \frac{0}{0}.$—

Paarig-symmetrisch sind alle Formanten von gerader Ordnung. Denn da allgemein $\binom{m}{r} = -\binom{-m+[r-1]}{r}$, so ist $q = r - 1$, also wenn r eine gerade Zahl 2ϱ ist, $q = 2\varrho - 1$ eine ungerade Zahl. Substituieren wir $m = x + \varrho$ in $\binom{m}{r}$, so erhalten wir Formen, in denen der Mittelpunkt der Symmetrie zwischen $x = -1$ und $x = 0$ liegt: $\binom{x+1}{2}, \binom{x+2}{4}, \ldots, \binom{x+\varrho}{2\varrho}$. — Besteht ein Polyform nur aus Formanten dieser Form, so stellt es eine paarig-symmetrische Reihe dar.

Eine Reihe erster Ordnung ist symmetrisch, wenn sie zwei invers-gleiche Glieder hat. Denn sind die Terme der gleichen Glieder x_1 und x_2, so ist $x_1 + x_2$ entweder eine gerade oder eine ungerade Zahl. Ist nun $x_1 + x_2 = 2\varkappa$, so ist $(x_1 - \varkappa) + (x_2 - \varkappa) = 0$, ist $x_1 + x_2 = 2\varkappa + 1$, so ist $(x_1 - \varkappa) + (x_2 - \varkappa) = 1$. Man kann daher durch Substitution von $x = y + \varkappa$ in die Form $a\binom{x}{1} + b$

immer eine Form $a'\binom{y}{1} + b'$ der Reihe herstellen, in welcher die Summe der Terme der gleichen Glieder $y_1 = x_1 - \varkappa$ und $y_2 = x_2 - \varkappa$ entweder gleich 0 oder gleich 1 ist.

Ist nun $a'\binom{y_1}{1} + b' = -a'\binom{y_2}{1} - b'$ oder $a(y_1 + y_2) + 2b' = 0$, so ist entweder $b' = 0$ oder $a + 2b' = 0$. In jedem Falle aber ist die Bedingung der Symmetrie erfüllt.

Eine Reihe zweiter Ordnung ist ebenfalls symmetrisch, wenn sie zwei gleiche Glieder hat. — Bezüglich der Umformung gilt dasselbe wie für die Reihe 1. Ordnung. Hat nun die umgeformte Reihe zwei gleiche Glieder, so ist

$$a\binom{y_1}{2} + b'\binom{y_1}{1} + c' = a\binom{y_2}{2} + b'\binom{y_2}{1} + c'$$

oder

$$a\left[\binom{y_1}{2} - \binom{y_2}{2}\right] + b'\left[\binom{y_1}{1} - \binom{y_2}{1}\right] = 0.$$

Entwickeln wir hierin die Differenz der Formanten 2. Ordnung nach § 12, so ergibt sich die Gleichung $a(y_1 + y_2) - a + 2b' = 0$, woraus, je nachdem wir $y_1 + y_2 = 0$ oder $y_1 + y_2 = 1$ setzen, sich ergibt, daß entweder die Bedingung der unpaarigen oder der paarigen Symmetrie erfüllt ist. — Hat also eine Reihe 2. Ordnung ein Paar gleicher Glieder, so hat sie deren unendlich viele, zum ersten Paar symmetrisch gelegene.

Eine Reihe dritter Ordnung ist invers-symmetrisch, wenn sie zwei Paar gleicher Glieder hat, und die Terme des einen Paares zu denen des anderen Paares symmetrisch liegen. Sind die einander entsprechenden Terme y_1 und y_4, y_2 und y_3 in der umgeformten Reihe, so ist entweder gleichzeitig $y_1 + y_4 = 0$ und $y_2 + y_3 = 0$ oder $y_1 + y_4 = 1$ und $y_2 + y_3 = 1$, und in jedem Falle $y_1 + y_4 = y_2 + y_3$ oder $y_1 - y_2 = y_3 - y_4$. — Aus der inversen Gleichheit der beiden Gliederpaare ergeben sich nun folgende Gleichungen

$$a\left[\binom{y_1}{3} + \binom{y_4}{3}\right] + b'\left[\binom{y_1}{2} + \binom{y_4}{2}\right] + c'\left[\binom{y_1}{1} + \binom{y_4}{1}\right] + 2d' = 0,$$

$$a\left[\binom{y_2}{3} + \binom{y_3}{3}\right] + b'\left[\binom{y_2}{2} + \binom{y_3}{2}\right] + c'\left[\binom{y_2}{1} + \binom{y_3}{1}\right] + 2d' = 0,$$

aus welchen wegen $y_1 + y_4 = y_2 + y_3$ sofort

$$a\left\{\binom{y_1}{3} - \binom{y_2}{3} - \binom{y_3}{3} - \binom{y_4}{3}\right\} + b'\left\{\binom{y_1}{2} - \binom{y_2}{2} - \binom{y_3}{2} - \binom{y_4}{2}\right\} = 0$$

hervorgeht. Entwickelt man hierin die Differenzen der Formanten unter Berücksichtigung der Relationen unter den Termen, so ergibt sich, daß immer eine der Symmetriebedingungen, entweder $a + b'$ oder $a + 2b'$ erfüllt ist, je nachdem $y_1 + y_4 = y_2 + y_3 = 0$ oder $y_1 + y_4 = y_2 + y_3 = 1$ gesetzt wurde. Mit Hilfe der so gefundenen Beziehungen zwischen a und b' läßt sich dann zeigen, daß auch die zweite Bedingung der Symmetrie in jedem der beiden Fälle erfüllt ist.

Allgemein gilt der Satz, daß eine Reihe r-ter Ordnung symmetrisch ist, wenn es $r-1$ Paare von gleichen oder invers-gleichen Gliedern gibt, welche sämtlich symmetrisch zueinander liegen. Im Falle der unpaarigen Symmetrie kann an die Stelle eines Paares auch ein einziges Glied treten, das dann den Symmetriepunkt für alle Paare bezeichnet. — Jede Reihe r-ter Ordnung, welche r aufeinanderfolgende gleiche Glieder hat, ist symmetrisch.

§ 23. Allgemeine Eigenschaften der Reihen, insbesondere der arithmetischen.

1. **Die Bewegung der Reihen.** — In bezug auf das arithmetische Verhältnis benachbarter Glieder einer Reihe, deren allgemeines Glied durch v_n bezeichnet sei, bestehen drei Möglichkeiten:

(1) $\qquad v_n < v_{n+1} \quad$ oder $\quad \Delta v_n > 0$

(2) $\qquad v_n = v_{n+1} \quad$ oder $\quad \Delta v_n = 0$

(3) $\qquad v_n > v_{n+1} \quad$ oder $\quad \Delta v_n < 0.$

Wir nennen im ersten Falle die Reihe bei n **steigend**, im zweiten **eben**, im dritten **fallend**.

Ist $\qquad v_{n-1} < v_n > v_{n+1}$

oder $\qquad v_{n-1} > v_n < v_{n+1},$

so findet bei n ein Richtungswechsel der Reihe statt, und zwar im ersten Falle ein solcher nach unten, und v_n ist ein **Maximum** der Reihe, im zweiten Falle nach oben, und v_n ist ein **Minimum** der Reihe. Beide Maximum und Minimum bezeichnen wir auch mit dem gemeinsamen Namen **Extremum**.

Sind mehrere aufeinanderfolgende Glieder einander gleich, so bilden sie eine **ebene Strecke**. Ist nun

$\qquad v_{n-1} < v_n = v_{n+1} = \ldots = v_{n+p-1} > v_{n+p}$

oder

$\qquad v_{n-1} > v_n = v_{n+1} = \ldots = v_{n+p-1} < v_{n+p},$

so ist die Strecke von v_n bis v_{n+p-1} eine **Extremstrecke** und zwar im ersten Falle eine **Maximal-**, im zweiten eine **Minimalstrecke**. — Ist dagegen die Richtung der Reihe an beiden Enden einer ebenen Strecke dieselbe, so heißt die Strecke eine **Wendestrecke**.

Alle richtungsbeständigen Teile einer Reihe nennen wir Strecken, steigende, ebene, fallende. Eine Reihe kann aus unendlich vielen Strecken bestehen. Ist die Anzahl der Strecken endlich, so besitzt die Reihe zwei **Endstrecken**, und umgekehrt, besitzt eine Reihe zwei Endstrecken, so ist die Anzahl ihrer Strecken endlich; denn zwischen den beiden endlichen Grenzgliedern der Endstrecken liegt eine endliche Anzahl von Gliedern, welche offenbar auch nur eine endliche Anzahl von Strecken bilden können.

Die arithmetischen Reihen haben immer zwei Endstrecken, denn läßt man die absoluten Beträge der Terme wachsen, so ist von einem bestimmten positiven wie negativen Terme an der absolute Betrag des Postens mit der höchsten Formante größer als der der Summe aller übrigen Posten (§ 8). Der höchste Posten bzw. die Hauptkonstituente der Reihe entscheidet also über das Vorzeichen der Glieder der Reihe. Von jenem Terme an sind daher die Glieder zeichenbeständig, bis sie für den unendlich hohen Term positiv oder negativ unendlich werden. Die arithmetische Reihe hat also eine endliche Anzahl von Strecken.

Ist die Reihe gerader Ordnung, so sind die Endstrecken oder deren unendlichen Endglieder gleichen Vorzeichens. Die Glieder der Reihe sind dann auf einen einseitig begrenzten Teil der natürlichen Zahlenreihe beschränkt. Ist dagegen die Reihe ungerader Ordnung, so wird die Endstrecke oder die unendlichen Endglieder entgegengesetzten Vorzeichens und die Glieder der Reihe gehören der ganzen natürlichen Zahlenreihe an, d. h. es gibt sowohl Glieder, welche größer, als solche, welche kleiner sind als irgend eine Zahl dieser Reihe. Reihen gerader Ordnung haben daher absolute Extreme, Reihen ungerader Ordnung nicht.

Da die Strecken einer Reihe immer abwechselnd verschieden gerichtet sind, liegt zwischen zwei gleichgerichteten Strecken immer eine ungerade Anzahl von Strecken, also mindestens eine, zwischen zwei ungleichgerichteten dagegen eine gerade Anzahl oder keine Strecke. — Da nun die arithmetische Reihe gerader Ordnung ungleichgerichtete Endstrecken hat, hat sie eine gerade Anzahl von Strecken, während die arithmetische Reihe ungerader Ordnung gleichgerichtete Endstrecken und darum eine ungerade Anzahl von Strecken besitzt.

II. **Die Zeichenwechsel der Reihe.** — Haben zwei Glieder einer Reihe verschiedene Vorzeichen, so liegt zwischen ihnen eine ungerade Anzahl von Zeichenwechseln. Eine arithmetische Reihe ungerader Ordnung, deren Endglieder $+\infty$ und $-\infty$ sind, erleidet daher immer mindestens an einer Stelle einen Zeichenwechsel, während eine Reihe gerader Ordnung ganz ohne Zeichenwechsel verlaufen kann. — Nur ein Zeichenwechsel liegt zwischen zwei Gliedern ungleichen Vorzeichens, wenn sie entweder benachbart oder durch lauter Nullglieder voneinander getrennt sind.

Der Zeichenwechsel kann in steigender Strecke oder in fallender Strecke stattfinden, oder, wie wir ihn dann kurz bezeichnen, steigend oder fallend sein. Steigende und fallende Zeichenwechsel wechseln regelmäßig miteinander ab, weshalb zwischen zwei gleichartigen Zeichenwechseln immer eine ungerade Anzahl, zwischen zwei verschiedenartigen Zeichenwechseln immer eine gerade Anzahl von Zeichenwechseln oder keiner liegt.

Zwischen zwei Zeichenwechseln liegt immer mindestens ein Richtungswechsel, während umgekehrt zwischen zwei Richtungswechseln kein Zeichenwechsel stattzufinden braucht. Zwischen zwei benachbarten Zeichenwechseln liegt also notwendig ein Richtungswechsel, während zwischen zwei benachbarten Richtungswechseln, d. h. in einer Strecke, kein Zeichenwechsel stattzufinden braucht und nur einer möglich ist.

Ob in einer Strecke ein Zeichenwechsel stattfindet oder nicht, erkennt man am entgegengesetzten Vorzeichen der Endglieder der Strecke. Über die Zeichenwechsel einer Reihe gibt daher die Reihe der Endglieder der Strecken Auskunft. Findet in sämtlichen Strecken der Reihe Zeichenwechsel statt, so hat die Reihe der Endglieder abwechselnd positive und negative Glieder. Fällt nun der Zeichenwechsel in einer Strecke aus, so verschwindet er notwendig auch in einer der benachbarten Strecken. Die Zeichenwechsel können daher nur paarweis ausfallen. Nennen wir daher s die Anzahl der Strecken einer Reihe, z die Anzahl der Strecken mit Zeichenwechsel, so ist der Defekt der Zeichenwechsel der Reihe $s-z$ immer eine gerade positive Zahl.

III. **Der Zusammenhang zwischen dem Richtungswechsel einer Reihe und dem Zeichenwechsel ihrer Differenzreihe.** — Findet in einer Reihe bei einem Gliede oder einer ebenen Strecke ein Richtungswechsel statt, ist also

$$v_{n-1} > v_n = v_{n+1} = \ldots = v_{n+r-1} < v_{n+r}$$

oder $\qquad v_{n-1} < v_n = v_{n+1} = \ldots = v_{n+r-1} > v_{n+r},$

so ist $\qquad \Delta v_{n-1} < 0 < \Delta v_{n+r-1}$

oder $\qquad \Delta v_{n-1} > 0 > \Delta v_{n+r-1}$ und vice versa.

Jedem Richtungswechsel in der Reihe entspricht also ein Zeichenwechsel in der Differenzreihe und umgekehrt. In der Untersuchung der Differenzreihe auf ihre Zeichenwechsel haben wir also ein Mittel, die Richtungswechsel und damit die Extreme der Reihe nach Lage und Zahl festzustellen. Auf arithmetische Reihen angewandt, gestaltet sich diese Untersuchung folgendermaßen. Die r-te Differenzreihe der Reihe $\left(v_r^n\right) = a\binom{n}{r} + b\binom{n}{r-1}$ $+ c\binom{n}{r-2} + \ldots + k$ ist a, die $r-1$-te ist die Reihe 1. Ordnung $a\binom{n}{1} + b$. Als Reihe ungerader Ordnung erleidet sie immer einen Zeichenwechsel. Ihm entspricht ein Richtungswechsel in der $r-2$-ten Differenzreihe $a\binom{n}{2} + b\binom{n}{1} + c$. Sie besteht aus zwei Strecken, in denen beiden Zeichenwechsel stattfinden können, aber nicht müssen. Finden sie statt, so erfährt die nächstvorhergehende Differenzreihe an zwei Stellen Richtungswechsel und zerfällt in drei Strecken, die wiederum auf Zeichenwechsel zu untersuchen sind. Man fährt so fort bis man zur gegebenen Reihe (v_r^n) gelangt, deren Strecken und Zeichenwechsel zu ermitteln die Aufgabe war.

Nehmen wir an, daß in sämtlichen untersuchten Reihen in jeder Strecke ein Zeichenwechsel stattfand, so erfährt die arithmetische Reihe r-ter Ordnung $r-1$ Richtungswechsel, sie zerfällt daher in r Strecken und ist r Zeichenwechseln unterworfen. Diese Annahme stellt jedoch nur einen Maximalfall dar. Es ist auch möglich, daß eine der Differenzreihen einen Defekt an Zeichenwechseln zeigt, der bei Reihen gerader Ordnung bis zum Verschwinden aller Zeichenwechsel führen kann, während das Minimum bei Reihen ungerader Ordnung immer 1 ist. — Die Möglichkeit des Maximalfalles sowie des Minimalfalles läßt sich leicht an Beispielen zeigen. Die Anzahl der Zeichenwechsel einer Reihe beträgt also tatsächlich bei Reihen gerader Ordnung 0 bis r, bei Reihen ungerader Ordnung 1 bis r.

II. Die Zahlenreihen mit unbegrenzten Formen.

§ 24. Unbegrenzte Formen.

Die Form der arithmetischen Reihe ist gekennzeichnet durch die begrenzte Anzahl ihrer Posten, die der Anzahl ihrer Konstituenten entspricht. Diese sind unmittelbar durch spezielle Aufzählung gegeben. — Die Konstituenten einer Reihe können aber auch generell gegeben sein durch ein Bildungsgesetz oder eine Form. Es lassen sich dann beliebig viele Konstituenten berechnen und aus diesen Reihen bilden, deren Formen nicht aus einer konstanten, sondern aus einer mit dem Term wachsenden Zahl von Posten bestehen. Wir nennen sie daher unbegrenzte Formen. Die durch sie definierten Reihen haben im Gegensatz zu den arithmetischen unendlich viele Differenzreihen.

Sind die Konstituenten durch die Form $f(x)$ gegeben und sind $f(0), f(1), f(2), \ldots, f(x)$ die ersten $x+1$ Konstituenten, so lassen sich aus ihnen verschiedene Reihen bilden, je nachdem man sie als A- oder B-Konstituenten betrachtet, und ferner wird zu unterscheiden sein, ob $f(0)$ oder $f(x)$ der Hauptkonstituent ist.

1. Die Konstituenten seien A-Konstituenten und $f(x)$ der Hauptkonstituent. Die Reihe ist dann

$$F(x) = f(0) + f(1)\binom{x}{1} + f(2)\binom{x}{2} + \ldots + f(x-1)\binom{x}{x-1} + f(x)\binom{x}{x}$$

und die erste Differenzreihe mit Rücksicht darauf, daß $\binom{x}{x+1} = 0$,

$$\Delta F(x) = f(1) + f(2)\binom{x}{1} + f(3)\binom{x}{2} + \ldots + f(x)\binom{x}{x-1} + f(x+1)\binom{x}{x}.$$

Ist $f(0)$ der Hauptkonstituent, so ist die Reihe

$$F(x) = f(x) + f(x-1)\binom{x}{1} + f(x-2)\binom{x}{2} + \ldots + f(1)\binom{x}{x-1} + f(0)\binom{x}{x}$$

von der ersten nicht verschieden, wie sich unmittelbar ergibt, wenn wir auf die Formanten das Reversionsgesetz § 4, 4 anwenden.

Die Zahlenreihen.

2. Sind die Konstituenten B-Konstituenten, und $f(x)$ die Hauptkonstituente, so ist die Reihe

$$G(x) = f(0) + f(1)\begin{bmatrix}x\\1\end{bmatrix} + f(2)\begin{bmatrix}x\\2\end{bmatrix} + \ldots + f(x-1)\begin{bmatrix}x\\x-1\end{bmatrix} + f(x)\begin{bmatrix}x\\x\end{bmatrix}$$

und die erste Differenzreihe

$$\varDelta G(x) = f(1) + f(2)\begin{bmatrix}x+1\\1\end{bmatrix} + f(3)\begin{bmatrix}x+1\\2\end{bmatrix} + \ldots + f(x)\begin{bmatrix}x+1\\x-1\end{bmatrix} + f(x+1)\begin{bmatrix}x+1\\x\end{bmatrix}$$
$$+ f(x+1)\begin{bmatrix}x\\x+1\end{bmatrix}.$$

Ihre Form ist bis auf den letzten Posten regelmäßig gebildet. Ist dagegen $f(0)$ die Hauptkonstituente, so ist die Reihe

$$H(x) = f(x) + f(x-1)\begin{bmatrix}x\\1\end{bmatrix} + f(x-2)\begin{bmatrix}x\\2\end{bmatrix} + \ldots + f(1)\begin{bmatrix}x\\x-1\end{bmatrix} + f(0)\begin{bmatrix}x\\x\end{bmatrix}.$$

die von $G(x)$ wesentlich verschieden ist. Es ist

$$H(x+1) = f(x+1) + f(x)\begin{bmatrix}x+1\\1\end{bmatrix} + f(x-1)\begin{bmatrix}x+1\\2\end{bmatrix} + \ldots$$
$$+ f(x)\begin{bmatrix}x+1\\x\end{bmatrix} + f(0)\begin{bmatrix}x+1\\x+1\end{bmatrix}.$$

Die Form der Differenzreihe ist in diesem Falle keine einfache.

3. Von besonderem Interesse sind folgende Reihen unbegrenzter Form:

$$S^1 f(x) = f(0)\begin{bmatrix}x\\1\end{bmatrix} + f(1)\begin{bmatrix}1\\x-1\end{bmatrix} + f(2)\begin{bmatrix}1\\x-2\end{bmatrix} + \ldots + f(x-1)\begin{bmatrix}1\\1\end{bmatrix} + f(x)$$

$$S^2 f(x) = f(0)\begin{bmatrix}2\\x\end{bmatrix} + f(1)\begin{bmatrix}2\\x-1\end{bmatrix} + f(2)\begin{bmatrix}1\\x-2\end{bmatrix} + \ldots + f(x-1)\begin{bmatrix}2\\1\end{bmatrix} + f(x)$$

$$\cdot \cdot \cdot \cdot \cdot \cdot \cdot \cdot \cdot \cdot \cdot \cdot \cdot \cdot \cdot \cdot \cdot \cdot \cdot \cdot \cdot$$

$$S^r f(x) = f(0)\begin{bmatrix}r\\x\end{bmatrix} + f(1)\begin{bmatrix}r\\x-1\end{bmatrix} + f(2)\begin{bmatrix}r\\x-2\end{bmatrix} + \ldots + f(x-1)\begin{bmatrix}r\\1\end{bmatrix} + f(x).$$

Sie stellen die Summen der Konstituenten, die Summen der Summen oder Summen zweiter Stufe, die Summen dritter Stufe usw. dar.

Die Reihen von der Form $H(x)$ bestehen aus Gliedern, die auch in diesem System vorkommen, da allgemein $H(n) = S^n f(n)$. Die Reihen $H(x)$ bilden also Diagonalreihen im System der Summenreihen. Die Differenzreihe der Summenreihen r-ter Stufe ist

$$\varDelta S^r f(x) = f(0)\begin{bmatrix}r-1\\x-1\end{bmatrix} + f(1)\begin{bmatrix}r-1\\x\end{bmatrix} + f(2)\begin{bmatrix}r-1\\x-1\end{bmatrix} + \ldots$$
$$+ f(x)\begin{bmatrix}r-1\\1\end{bmatrix} + f(x+1) = S^{r-1} f(x+1),$$

also $\varDelta^r S^r f(x) = S^0 f(x+r) = f(x+r)$.

4. Reihen von unbegrenzter Form können natürlich auch durch andere Formen als die bisher betrachteten gegeben werden, z. B. sind die Diagonalreihen des Systems der Formanten $\frac{x}{x-1}$ und $\frac{-x}{x-1}$ Reihen unbegrenzter Form. Kennt man irgend eine Form $F(x)$ der Reihe, so ist sie auf die Normalform zu bringen, indem man die Formen der Differenzreihen bildet. Es ist

$$F(x) = F(0) + \Delta F(0)\binom{x}{1} + \Delta^2 F(0)\binom{x}{2} + \ldots + \Delta^x F(0)\binom{x}{x}.$$

5. Alle Reihen rationaler Zahlen sind entweder arithmetische Reihen, oder Reihen von unbegrenzter Form. Neben ihnen gibt es nur noch die kontinuierlichen Reihen irrationaler Zahlen, deren allgemeine Form die Taylorsche Reihe mit unendlicher Anzahl der Posten ist. Die Form eines unendlichen Potenzpolynoms kann auch bei diesen Reihen manchmal mit Vorteil in die eines unendlichen Polyforms verwandelt werden.

§ 25. Exponentialreihen.

1. Machen wir die Potenzen der konstanten Basis a, also die geometrische Reihe $1, a, a^2, a^3, \ldots, a^x, \ldots$ zu Konstituenten einer Reihe unbegrenzter Form, setzen wir also $f(x) = a^x$, so entsteht die Exponentialreihe:

(1) $$G(a^x) = 1 + a\binom{x}{1} + a^2\binom{x}{2} + \ldots + a^x\binom{x}{x}.$$

Die erste Differenzreihe derselben ist

$$\Delta G(a^x) = a + a^2\binom{x}{1} + a^3\binom{x}{2} + \ldots + a^{x+1}\binom{x}{x} = a\,G(a^x).$$

Allgemein ist daher $\Delta^\nu G(a^x) = a^\nu G(a^x)$. Da nun zugleich $\Delta G(a^x) = G(a^{x+1}) - G(a^x)$, so ist

(2) $$G(a^{x+1}) = (a+1)\,G(a^x).$$

Damit ist ein Bildungsgesetz gewonnen, mit dessen Hilfe man jedes Glied der Exponentialreihe aus dem vorhergehenden berechnen kann. Da nun nach (1) $G(a^0) = 1$, so ist $G(a) = (a+1)$, $G(a^2) = (a+1)^2, \ldots, G(a^x) = (a+1)^x$. Es gilt also die Gleichung

(3) $$(a+1)^x = 1 + a\binom{x}{1} + a^2\binom{x}{2} + \ldots + a^x\binom{x}{x}.$$

Die Exponentialreihe, deren Konstituenten eine geometrische Reihe bilden, ist also wiederum eine geometrische Reihe mit um 1 erhöhter Basis.

Setzen wir in (3) $a = 1$, so ergibt sich

(4) $$2^x = 1 + \binom{x}{1} + \binom{x}{2} + \ldots + \binom{x}{x}.$$

und

$$2^x - 2 = \binom{x}{1} + \binom{x}{2} + \ldots + \binom{x}{x-1}.$$

Die Zahlenreihen.

Die Reihe (4) hat die Eigentümlichkeit, daß ihre sämtlichen Differenzreihen ihr selbst gleich sind. Es ist allgemein $\Delta^r 2^x = 2^x$.

2. Macht man nicht die ununterbrochene Reihe der Potenzen, sondern die intermittierenden Reihen

$$0, 1, 0, a, 0, a^2, 0, a^3, \ldots$$
$$1, 0, a, 0, a^2, 0, a^3, 0, \ldots$$

zu Konstituenten, so erhält man die intermittierenden **Exponentialreihen**

(5) $\quad G_0(a^x) = \binom{x}{1} + a\binom{x}{3} + a^2\binom{x}{5} + \ldots + a^{\frac{x-2}{2}}\binom{x}{x-1}$ oder $+ a^{\frac{x-1}{2}} \frac{x}{x}$,

$\quad G_1(a^x) = 1 + a\binom{x}{2} + a^2\binom{x}{4} + \ldots + a^{\frac{x}{2}}\binom{x}{x}$ oder $+ a^{\frac{x-1}{2}}\binom{x}{x-1}$.

wo der erste oder zweite Endposten gilt, je nachdem x eine gerade oder ungerade Zahl ist. Man unterscheidet diese Fälle besser, indem man $x = 2y$ bzw. $x = 2y+1$ setzt. Es ist dann

(6) $\quad G_0\, a^{2y} = \binom{2y}{1} + a\binom{2y}{3} + a^2\binom{2y}{5} + \ldots + a^{y-1}\binom{2y}{1}$

$\quad G_0\, a^{2y+1} = \binom{2y+1}{1} + a\binom{2y+1}{3} + a^2\binom{2y+1}{5} + \ldots + a^{y-1}$

$\quad G_1\, a^{2y} = 1 + a\binom{2y}{2} + a^2\binom{2y}{4} + \ldots + a^{y}$

$\quad G_1\, a^{2y+1} = 1 + a\binom{2y+1}{2} + a^2\binom{2y+1}{4} + \ldots + a^{y}\binom{2y+1}{1}$

Die Bildung der Differenzreihen führt zu folgenden gegenseitigen Beziehungen

(7) $\quad \Delta G_0(a^x) = G_1(a^x), \quad \Delta G_1(a^x) = a G_0(a^x)$.

$\quad \Delta^2 G_0(a^x) = a G_0(a^x), \quad \Delta^2 G_1(a^x) = a G_1(a^x)$

$\quad \Delta^3 G_0(a^x) = a G_1(a^x), \quad \Delta^3 G_1(a^x) = a^2 G_0(a^x)$

$\quad \Delta^{2r} G_0(a^x) = a^r G_0(a^x), \quad \Delta^{2r} G_1(a^x) = a^r G_1(a^x)$

$\quad \Delta^{2r+1} G_0(a^x) = a^r G_1(a^x), \quad \Delta^{2r+1} G_1(a^x) = a^{r+1} G_0(a^x)$.

Aus dem ersten Paar dieser Beziehungen ergeben sich die Bildungsgesetze

(8) $\quad G_0(a^{x+1}) = G_0(a^x) + G_1(a^x), \quad G_1(a^{x+1}) = a G_0(a^x) + G_1(a^x)$.

Jedoch ergeben sich aus diesen nicht, wie bei der einfachen Exponentialreihe, Beziehungen zu einfacheren Reihenformen.

3. Die iterierten Summen der geometrischen Reihe sind (§ 9)

$$Sa^z = 1 + a + a^2 + a^3 + \ldots + a^{z-1} + a^z$$
$$S^2 a^z = \begin{bmatrix}2\\x\end{bmatrix} + a\begin{bmatrix}2\\x-1\end{bmatrix} + a^2\begin{bmatrix}2\\x-2\end{bmatrix} + a^3\begin{bmatrix}2\\x-3\end{bmatrix} + \ldots + a^{z-1}\begin{bmatrix}2\\1\end{bmatrix} + a^z$$
$$\cdots\cdots\cdots\cdots\cdots\cdots\cdots\cdots\cdots\cdots\cdots\cdots$$
$$S^r a^z = \begin{bmatrix}r\\x\end{bmatrix} + a\begin{bmatrix}r\\x-1\end{bmatrix} + a^2\begin{bmatrix}r\\x-2\end{bmatrix} + a^3\begin{bmatrix}r\\x-3\end{bmatrix} + \ldots + a^{z-1}\begin{bmatrix}r\\1\end{bmatrix} + a^z.$$

Diese Formen lassen sich nun mit Hilfe der Exponentialreihe anders darstellen. Da nämlich

$$a^x = 1 + (a-1)\binom{x}{1} + (a-1)^2\binom{x}{2} + (a-1)^3\binom{x}{3} + \ldots + (a-1)^x\binom{x}{x},$$

so ist nach dem Summengesetz

$$Sa^{z-1} = \binom{x}{1} + (a-1)\binom{x}{2} + (a-1)^2\binom{x}{3} + \ldots + (a-1)^{z-1}\binom{x}{x} = \frac{a^z - 1}{a - 1}.$$

Ebenso ergibt sich durch abermalige Anwendung des Summengesetzes

$$S^2 a^{z-2} = \frac{a^z - \left[1 + (a-1)\binom{x}{1}\right]}{(a-1)^2}$$

und allgemein

$$S^r a^{z-r} = \frac{a^z - \left[1 + (a-1)\binom{x}{1} + \ldots + (a-1)^r\binom{x}{r-1}\right]}{(a-1)^r}$$

oder auch

$$S^r a^{z-r} = \binom{x}{r} + (a-1)\binom{x}{r+1} + \ldots + (a-1)^{z-r}\binom{x}{x},$$

woraus sich

$$S^r a^{z-r} - (a-1) S^{r+1} a^{z-(r-1)} = \binom{x}{r} \text{ ergibt.}$$

Aus dem Bildungsgesetz der Reihen folgt

$$S^r a^{z+1} - S^r a^z = S^{r-1} a^{z+1}.$$

§ 26. Die metarithmetischen Reihen.

Eine wichtige Klasse der Reihen mit unbegrenzter Form sind nun diejenigen, deren Konstituentenreihen arithmetische Reihen sind. Wir nennen sie daher metarithmetische. Die allgemeine Form dieser Reihen ist also

$$\left(v_r^z\right)\binom{x}{0} + \left(v_r^{z+1}\right)\binom{x}{1} + \left(v_r^{z+2}\right)\binom{x}{2} + \ldots + \left(v_r^{z+x}\right)\binom{x}{x}.$$

Durch Substitution von x für $a+x$ in die Konstituentenreihe v_r^{z+x} können wir sie immer auf die Form

$$\left(v_r^0\right)\binom{x}{0} + \left(v_r^1\right)\binom{x}{1} + \left(v_r^2\right)\binom{x}{2} + \ldots + \left(v_r^x\right)\binom{x}{x}$$

bringen, in welcher der Term des Koeffizienten mit der Ordnungszahl der zugehörigen Formante übereinstimmt. Diese Normalform wollen wir zur Abkürzung durch $\left\{\left(v_r^n\right)\binom{x}{n}\right\}$ bezeichnen.

Die Differenzreihen der metarithmetischen Reihen haben dann die allgemeine Form

(1) $$\Delta^p\left\{\binom{n}{r}\binom{x}{n}\right\} = \left\{\binom{n}{r} + p\right)\binom{x}{n}\right\}$$

Ist $\binom{v^n}{r} = a\binom{n}{r} + b\binom{n}{r+1} + c\binom{n}{r-2} + \ldots + h\binom{n}{1} + k$,

so ist

$$\left\{\binom{v^n}{r}\binom{x}{n}\right\} = a\left\{\binom{n}{r}\binom{x}{n}\right\} + b\left\{\binom{n}{r-1}\binom{x}{n}\right\} + c\left\{\binom{n}{r-2}\binom{x}{n}\right\} + \ldots$$
$$+ h\left\{\binom{n}{r}\binom{x}{n}\right\} + k,$$

d. h. die Reihe läßt sich auffassen als eine Summe von Elementarreihen von der Form $\left\{\binom{n}{p}\binom{x}{n}\right\}$ und die weitere Theorie der metarithmetischen Reihen kann sich daher begnügen, diese Elementarreihen zu behandeln.

Nun ist

$$\left\{\binom{n}{p}\binom{x}{n}\right\} = \binom{p}{p}\binom{x}{p} + \binom{p+1}{p}\binom{x}{p+1} + \binom{p+2}{p}\binom{x}{p+2} + \ldots + \binom{x}{p}\binom{x}{x},$$

woraus vermittelst der Relation $\binom{p+\alpha}{p}\binom{x}{p+\alpha} = \binom{x}{p}\binom{x-p}{\alpha}$ (§ 7, 2a)

(2) $\left\{\binom{n}{p}\binom{x}{n}\right\} = \left\{\binom{x}{p}\binom{x-p}{n-p}\right\} = \binom{x}{p}\left[\binom{x-p}{0} + \binom{x-p}{1} + \binom{x-p}{2} + \ldots \right.$
$\left. + \binom{x-p}{x-p}\right] = \binom{x}{p} \cdot 2^{x-p}$ (§ 25, 4) hervorgeht.

Die nach § 16 gebildeten Differenzreihen haben die allgemeine Form

$$\Delta^\alpha\left\{\binom{n}{p}\binom{x}{n}\right\} = 2^{x-p}\left[2^\alpha\binom{x}{p-\alpha} + 2^{\alpha-1}\binom{\alpha}{1}\binom{x}{p-\alpha+1} \right.$$
$$\left. + 2^{\alpha-2}\binom{\alpha}{2}\binom{x}{p-\alpha+2} + \ldots + 2\binom{\alpha}{\alpha-1}\binom{x}{p-1} + \binom{\alpha}{\alpha}\binom{x}{p}\right].$$

Ist $p = 1$, so ist

$$\left\{\binom{n}{1}\binom{x}{n}\right\} = \binom{x}{1} + 2\binom{x}{2} + 3\binom{x}{3} + \ldots + x\binom{x}{x} = \binom{x}{1}2^{x-1}$$

und
$$\Delta^\alpha\left\{\binom{n}{1}\binom{x}{n}\right\} = 2^{x-1}\left[2\alpha + \binom{x}{1}\right].$$

§ 27. Arithmetische Reihen mit Beziehungen zu nicht arithmetischen.

1. Wenn wir in dem Theorem (3) über die Exponentialreihe die Variable wechseln, indem wir die Basis variabel machen und x für a setzen, dagegen den Exponenten, der mit n bezeichnet werde, konstant machen, so ergibt sich das Theorem

(1) $$(1+x)^n = 1 + \binom{n}{1}x + \binom{n}{2}x^2 + \ldots + \binom{n}{n}x^n.$$

woraus durch Ersetzung von x durch den Bruch $\frac{y}{x}$ der binomische Lehrsatz (für Potenzen)

(2) $$(x+y)^n = x^n + \binom{n}{1}x^{n-1}y + \binom{n}{2}x^{n-2}y^2 + \ldots + \binom{n}{n}y^n$$

hervorgeht, der ein Analogon zu der Entwicklung der binomischen Formanten (§ 13) darstellt. Die Exponentialreihe von unbegrenzter Form geht also durch die Vertauschung der Konstanten und Variablen in eine **arithmetische Reihe** über.

Die Differenzreihen der einfachen Potenzreihe x^n lassen sich am einfachsten bilden mittelst ihres Polyforms

$$x^n = K_n^{'1}\binom{x}{1} + K_n^{'2}\binom{x}{2} + K_n^{'3}\binom{x}{3} + \ldots + K_n^{'n}\binom{x}{n}.$$

doch sind auch die Polynome der Differenzreihen von Interesse. Aus (1) ergibt sich einfach

$$\varDelta x^n = 1 + \binom{n}{1}x + \binom{n}{2}x^2 + \binom{n}{3}x^3 + \ldots + \binom{n}{n-1}x^{n-1}.$$

Die zweite Differenz

$$\varDelta^2 x^n = \binom{n}{1}\varDelta x + \binom{n}{2}\varDelta x^2 + \binom{n}{3}\varDelta x^3 + \ldots + \binom{n}{n-1}\cdot \varDelta x^{n-1}$$

geht nach Entwicklung und Ordnung der Posten nach Potenzen von x und mit Benutzung von § 26 (2) über in

$$\varDelta^2 x^n = (2^n - 2) + (2^{n-1} - 2)\binom{n}{1}x + (2^{n-2} - 2)\binom{n}{2}x^2 + \ldots$$
$$+ (2^3 - 2)\binom{n}{3}x^{n-3} + (2^2 - 2)\binom{n}{2}x^{n-2}$$

$$K_n^{'2} + K_{n-1}^{'2}\binom{n}{1}x + K_{n-2}^{'2}\binom{n}{2}x^2 + \ldots$$
$$+ K_3^{'2}\binom{n}{3}x^{n-3} + K_2^{'2}\binom{n}{2}x^{n-2}.$$

2. Die Summe der n-ten Potenzen der $x-1$ ersten natürlichen Zahlen

$$1^n + 2^n + 3^n + \ldots + (x-1)^n = \sum_{0}^{x-1} x^n = S(x-1)^n$$

ist eine arithmetische Reihe $n+1$-ter Ordnung, deren Form sich folgendermaßen einfach ergibt. Wird x^n als Polyform

$$K_n^{'1}\binom{x}{1} + K_n^{'2}\binom{x}{2} + K_n^{'3}\binom{x}{3} + \ldots + K_n^{'n-1}\binom{x}{n-1} + K_n^{'n}\binom{x}{n}$$

dargestellt, so ist nach dem Summengesetz (§ 9, 2)

(3) $$\sum_{0}^{x-1} x^n = S(x-1)^n = K_n^{'1}\binom{x}{2} + K_n^{'2}\binom{x}{3} + K_n^{'3}\binom{x}{4} + \ldots$$
$$+ K_n^{'n-1}\binom{x}{n} + K_n^{'n}\binom{x}{n+1}.$$

Während die ursprüngliche Definition nur für ganzzahlige Werte von x Sinn hatte, läßt sich diese auch auf gebrochene Werte von x ausdehnen. Die Form stellt dann die **Jacob Bernoulli**sche Funktion dar. — Zu derselben Reihenform gelangt man auch auf folgendem, sonst üblichen Wege:

Es ist nach (1)

$1^n = 1$

$2^n = 1 + \binom{n}{1} + \binom{n}{2} + \cdots + \binom{n}{n-1} + \binom{n}{n}$

$3^n = 1 + 2\binom{n}{1} + 4\binom{n}{2} + \cdots + 2^{n-1}\binom{n}{n-1} + 2^n\binom{n}{n}$

. . . .

$x^n = 1 + (x-1)\binom{n}{1} + (x-1)^2\binom{n}{2} + \cdots + (x-1)^{n-1}\binom{n}{n-1} + (x-1)^n\binom{n}{n}$

$S.x^n = x + S(x-1)\binom{n}{1} + S(x-1)^2\binom{n}{2} + \cdots + S(x-1)^{n-1}\binom{n}{n-1} + S(x-1)^n\binom{n}{n}$.

Da nun $S.x^n - S(x-1)^n = x^n$, so ergibt sich hieraus die Relation

$$x^n - x = S(x-1)\binom{n}{1} + S(x-1)^2\binom{n}{2} + \cdots + S(x-1)^{n-1}\binom{n}{n-1},$$

welche eine Rekursionsformel darstellt, welche die Summen $S(x-1)$, $S(x-1)^2$ usw. nacheinander zu berechnen gestattet, indem man $n = 2, 3,$ usw. setzt. Gibt man hierbei $x^n - x$ die Form

$$K_n^{r2}\binom{x}{2} + K_n^{r3}\binom{x}{3} + \cdots + K_n^{rn}\binom{x}{n},$$

so erhält man die Potenzsummen in der Form (3).

Vergleicht man diese einfache Form und deren einfache Ableitung aus dem Summengesetz der arithmetischen Reihen mit der zuerst von Euler gegebenen allgemeinen Form als Potenzpolynom mit den Bernoullischen Zahlen als Koeffizienten, so erhellt der außerordentliche Vorteil der Darstellung der Reihenformen als Polyforme und ihrer Behandlung nach den damit gegebenen Methoden. Der Übergang von Polyformen zu Polynomen ist ja, wenn diese Form vorgezogen werden sollte, immer einfach zu vollziehen.

Setzen wir nämlich in (3) für die Formanten die entsprechenden Polynome ein, so ergibt sich die Form

(4) $S(x-1)^n$

$= \left(-K_n^{r1}\cdot\frac{1}{2} + K_n^{r2}\cdot\frac{1}{3} - K_n^{r3}\cdot\frac{1}{4} + - \cdots + \binom{-1}{n+1}K_n^{rn}\cdot\frac{1}{n+1}\right)x$

$+ \left(K_n^{r1}\cdot\frac{C_0^{r1}}{2!} - K_n^{r2}\cdot\frac{C_1^{r2}}{3!} + K_n^{r3}\cdot\frac{C_2^{r3}}{4!} - + \cdots + \binom{-1}{n}K_n^{rn}\cdot\frac{C_{n-1}^{rn}}{(n+1)!}\right)x^2$

$+ \left(K_n^{r2}\cdot\frac{C_0^{r2}}{3!} - K_n^{r3}\cdot\frac{C_1^{r3}}{4!} + K_n^{r4}\cdot\frac{C_2^{r4}}{5!} - + \cdots + \binom{-1}{n-1}K_n^{rn}\cdot\frac{C_{n-2}^{rn}}{(n+1)!}\right)x^3$

$+ \cdots$

$+ \left(K_n^{rn-1}\cdot\frac{C_0^{rn-1}}{n!} - K_n^{rn}\cdot\frac{C_1^{rn}}{(n+1)!}\right)x^n$

$+ K_n^{rn}\cdot\frac{C_0^{rn}}{(n+1)!}x^{n+1}$

oder, mit Hilfe der gekürzten Konformanten ausgedrückt und in umgekehrter Reihenfolge der Posten geschrieben:

$$S(x-1)^n \quad {}^1_{n+1}K'^n_n C^{\prime n}_0 x^{n+1}$$
$$-{}^1_n{}_1K'^n_n C'^n_1 - {}^1_n K'^{n-1}_n C'^{n-1}_0) x^n$$
$$+{}^1_{n+1}K'^n_n C'^n_2 - {}^1_n K'^{n-1}_n C'^{n-1}_1 + {}^1_{n-1}K'^{n-2}_n C'^{n-2}_0) x^{n-1}$$
$$-{}^1_{n-1}K'^n_n C'^n_3 - {}^1_n K'^{n-1}_n C'^{n-1}_2 + {}^1_{n-1}K'^{n-2}_n C'^{n-2}_1$$
$$-{}^1_{n-2}K'^{n-3}_n C'^{n-3}_0) x^{n-2}$$
$$+\ldots$$
$$+{}^1_{n-1}{}_1K'^n_n C'^n_{n-1} - ({}^1_n{}_1 K'^{n-1}_n C'^{n-1}_{n-2} + \cdots$$
$$-{}^1_3 K'^2_n C'^2_1 + {}^1_2 K'^1_n C'^1_0) x^2$$
$$-({}^1_{n-1}{}_1 K'^n_n - ({}^1_n) {}^1_n K'^{n-1}_n + \cdots$$
$$+{}^1_4 K'^3_n - {}^1_3 K'^2_n + {}^1_2 K'^1_n) x$$

Aus den Formen der Koeffizienten der Potenzen von x lassen sich die Bernoullischen Zahlen leicht berechnen.

Zweiter Teil.

Die Beziehungen der Reihen.

§ 28. Beziehungen von Zahlen zu Zahlenreihen.

Bisher wurden die Zahlenreihen für sich betrachtet. Weder einzelne Zahlen noch andere Zahlenreihen wurden zu ihnen in Verbindung gesetzt, außer in die der Zugehörigkeit zu der gegebenen Reihe oder der Identität ihrer Glieder mit denen der gegebenen Reihe. Wir dehnen nunmehr die Untersuchung aus auf Zahlen, welche nicht oder wenigstens nicht immer oder nicht notwendig der gegebenen Reihe als Glieder angehören, dieser also als fremde Elemente gegenübertreten. Die Untersuchung wird sich naturgemäß gliedern in die der Beziehung einzelner Zahlen zu Zahlenreihen und in die der Beziehung mehrerer Reihen zueinander.

I. Die Beziehungen einzelner Zahlen zu Zahlenreihen.

§ 29. Die Lage einer Zahl in einer Reihe.

Es sei $f(x)$ die Form einer Zahlenreihe und $f(x_0), (fx_1), f(x_2), \ldots, f(x_p)$ eine Strecke dieser Reihe. Eine Zahl n kann dann zu dieser Strecke in folgenden Beziehungen stehen:

1. Es ist für jeden Term der Strecke $n \gtrless f(x)$.
2. Es ist für jeden Term der Strecke $f(x) \gtrless n$.
3. Es gilt keine dieser beiden Beziehungen.

In den Fällen 1 und 2 liegt n außerhalb der Strecke, im Falle 3 liegt n in der Strecke. Allein mit diesem letzteren Falle haben wir uns hier zu beschäftigen.

Liegt also n in der obigen Strecke, die wir kurz mit $f(x_i)_0^p$ bezeichnen wollen, so sind wiederum zwei Fälle möglich, nämlich

1. Es ist n ein Glied der Strecke oder es ist

(1) $$n = f(x_a);$$

2. Es ist n kein Glied der Strecke.

Im zweiten Falle können wir die Glieder der Strecke in zwei Gruppen teilen, nämlich in die, welche kleiner als n sind, und in die, welche größer als n sind. Ist die Strecke eine steigende, so gehen die Glieder der ersten Gruppe voraus. Ist das größte Glied dieser Gruppe $f(x_u)$, so ist

(2a) $\qquad f(x_u) \quad n \quad f(x_u + 1)$

oder es liegt n zwischen den Gliedern $f(x_u)$ und $f(x_u + 1)$. — Ist dagegen die Strecke eine fallende, so gehen die größeren Glieder, also die der zweiten Gruppe n, vorauf. Ist nun $f(x_u)$ das kleinste Glied dieser Gruppe, so ist

(2b) $\qquad f(x_u + 1) \quad n \quad f(x_u).$

Die Doppelrelationen (2a) und (2b), welche wir Limitationen von n in der Strecke nennen, lassen sich auch auf die Formen

(3a) $\qquad 0 \quad n - f(x_u) \quad \Delta f(x_u),$

(3b) $\qquad \Delta f(x_u) \quad n - f(x_u) \quad 0,$

oder

(4a) $\qquad 0 \quad f(x_u + 1) - n \quad \Delta f(x_u),$

(4b) $\qquad \Delta f(x_u) \quad f(x_u + 1) - n \quad 0,$

bringen. In diesen bezeichnen wir $n - f(x_u) = r$ als den **Rest** von n in der Strecke, $f(x_u + 1) - n = t$ als den **Defekt** von n in der Strecke.

Es ist also in steigender Strecke

(5a) $\qquad 0 \quad r \quad \Delta f(x_u), \quad 0 \quad t \quad \Delta f(x_u),$

in fallender Strecke

(5b) $\qquad \Delta f(x_u) \quad r \quad 0, \quad \Delta f(x_u) \quad t \quad 0.$

Rest und Defekt sind also in steigender Strecke positiv, in fallender Strecke negativ, wie die Differenz $\Delta f(x_u)$.

Allgemein ist

(6) $\qquad |r| \quad \Delta f(x_u), \quad |t| < |\Delta f(x_u)|,$

(7) $\qquad r + t = \Delta f(x_u).$

Ist insbesondere $n = 0$ und liegt 0 in der Strecke, so gehen die Relationen (1) und (2a) bzw. (2b) über in

$$f(x_u) \quad 0,$$
$$f(x_u) \quad 0 \quad f(x_u + 1), \quad f(x_u + 1) \quad 0 \quad f(x_u)$$

und es ist $r = -f(x_u), \ t = f(x_u + 1)$. Ist $f(x_u)$ nicht zugleich 0 und Endglied der Strecke, so findet in der Strecke bei x_u oder zwischen x_u und $x_u + 1$ ein Zeichenwechsel statt.

Alle Limitationen lassen sich auf die Form mit 0 als Mittelgröße bringen, indem man n von allen drei Größen der Limitation subtrahiert. Es ergeben sich so die Relationen

(8) $\qquad f(x_u) - n = 0,$
(9) $\qquad f(x_u) - n < 0 \quad f(x_u + 1) - n,$ oder
$\qquad f(x_u + 1) - n < 0 \quad f(x_u) - n.$

Die ursprüngliche Reihe $f(x)$ erscheint hier durch die auf Null reduzierte Reihe $f(x) - n$ ersetzt, die wir im Folgenden $f(x)$ nennen.

§ 30. Die Lösung von Limitationen und von Gleichungen.

Die Aufgabe, festzustellen, ob und wo die Zahl n in einer gegebenen Strecke liegt, ist also immer zurückzuführen auf die andere Aufgabe, festzustellen, ob und wo 0 in der entsprechenden Strecke der reduzierten Reihe $f(x)$ liegt. Diese Aufgabe aber wieder ist gleichbedeutend mit der Lösung einer aus Gleichung und Limitation kombinierten unbestimmten Limitation

$$f(x_i)_0^p < 0 < f(x_i)_0^p$$

unter der Voraussetzung, daß die gegebene Strecke eine steigende sei. Wir dürfen uns auf die Betrachtung dieses Falles beschränken, da das Ergebnis sich leicht übertragen läßt auf eine fallende Strecke, oder auch diese durch Inversion immer in eine steigende verwandelt werden kann.

Der erste Schritt zur Lösung der Aufgabe ist der, daß man feststellt, ob überhaupt 0 in der Strecke $f(x_i)_0^p$ liegt. Es ergibt sich dieses aus den beiden Endgliedern. Ist entweder von diesen eine selbst gleich 0 oder sind sie von entgegengesetztem Vorzeichen, so liegt 0 in der Strecke. Ist aber dieses festgestellt, so läßt sich auch die Lage von 0 in der Strecke immer bestimmen. Entweder nämlich ist schon ein Endglied 0 und so die Lage von Anfang an bestimmt, oder es liegt 0 innerhalb der Strecke. Dann aber scheidet 0, mag es nun selbst Glied der Strecke sein oder zwischen zwei Gliedern liegen, die positiven und die negativen Glieder, und seine Lage ist vollkommen bestimmt, wenn wir eines der 0 benachbarten Glieder, also entweder das dem absoluten Betrage nach kleinste negative oder das kleinste positive Glied der Strecke kennen. Da nun sowohl die positiven wie die negativen Glieder eine steigende Reihe bilden, von der mindestens das eine und zwar das 0 benachbarte Glied im Endlichen liegt, so ist die Lage von 0 in der Strecke immer bestimmbar, und zwar sind zwei verschiedene Beziehungen von 0 zur Reihe möglich:

1. Es ist 0 ein Glied der Reihe mit dem Term a, und es ist durch diesen die Gleichung $f(a) = 0$ erfüllt, oder
2. Es liegt 0 zwischen den Gliedern mit den Termen a und $a + 1$, und durch diese wird die echte Limitation $f(a) < 0 < f(a+1)$ erfüllt.

Im ersten Falle nennen wir die Lösung monoterm, im zweiten Falle diterm. Da 0 nur einmal innerhalb einer Strecke liegen kann, so ist die Aufgabe, seine Lage in bezug auf eine Strecke zu bestimmen, immer eindeutig. Es ergibt sich also der grundlegende Satz, daß eine Limitation, in deren Strecke 0 liegt, immer eine Lösung hat.

Betrachten wir nun statt der kombinierten Limitation nur die Gleichung $f(x_i)_0^n = 0$, also nur den einen Bestandteil derselben, so ist sie offenbar nicht immer lösbar, auch wenn die Bedingung erfüllt ist, daß 0 in der Strecke liegt. Sie ist nur lösbar, wenn 0 ein Glied der Strecke ist. — Man kann jedoch, durch Erweiterung des Begriffes der Lösung einer Gleichung auch die Gleichung in allen Fällen lösbar machen, wo nur die allgemeine Bedingung, daß 0 in der Strecke liege, erfüllt ist. — Denn ist die Lösung diterm und die Limitation $f(\alpha) = 0 = f(\alpha+1)$ erfüllt, so ist $f(\alpha) = -r$, $f(\alpha+1) = t$, wo sowohl r als t kleiner als die Differenz $\mathit{1}f(\alpha)$ sind. Weder α noch $\alpha+1$ erfüllen dann die Gleichung $f(x) = 0$, und zwar ist α zu klein, es macht $f(\alpha)$ negativ, $\alpha+1$ zu groß, es macht $f(\alpha+1)$ positiv. Betrachten wir trotzdem α und $\alpha+1$ als Lösungen, so begehen wir einen Fehler. Dieser Fehler aber ist nach der einen Seite hin kleiner als $-\mathit{1}f(\alpha)$, nach der anderen Seite kleiner als $-\mathit{1}f(\alpha)$, bleibt also seinem absoluten Betrage nach immer unter einer bestimmten Grenze. Definieren wir daher als angenäherte Lösung einer Gleichung einen Term, der die Gleichung bis auf einen Fehler erfüllt, der unter einer bestimmten Grenze bleibt, und erkennen wir auch angenäherte Lösungen einer Gleichung als Lösungen im weiteren Sinne an, so können wir nunmehr den für Limitationen schon ausgesprochenen Satz auch auf Gleichungen ausdehnen:

Jede Gleichung $f(x) = 0$ hat in einer Strecke, in welcher 0 liegt, eine und nur eine Lösung. Wir fassen dabei die beiden zusammengehörigen Terme der ditermen Lösung nicht als zwei, sondern als nur eine Lösung auf und unterscheiden also auch bei den Gleichungen monoterme oder exakte von den ditermen oder unexakten, angenäherten Lösungen.

Wir haben diesen für die Theorie der Gleichungen grundlegenden Satz hier zunächst für Strecken von Reihen bewiesen, deren Terme die natürliche Zahlenreihe durchlaufen. Er gilt jedoch nicht minder für andere Veränderungsgesetze der Terme. Insbesondere läßt sich der Grad der Annäherung der Lösung beliebig vergrößern oder, was dasselbe, die Fehlergrenze beliebig verringern, wenn auch gebrochene Terme zugelassen werden. —

Wir beginnen die Einführung dieser Zahlen, indem wir $\frac{y}{a}$ für x in $f(\alpha - x)$ substituieren, wo a einen konstanten Nenner bezeichnet, während die Zahlen y in der natürlichen Zahlenreihe veränderlich ist. Zwischen je zwei aufeinanderfolgenden Gliedern der Reihe werden dann $a-1$ neue eingeschaltet. Zwischen $f(\alpha)$ und $f(\alpha+1)$ insbesondere liegen die Glieder

$$f\left(\alpha+\frac{1}{a}\right),\ f\left(\alpha+\frac{2}{a}\right),\ f\left(\alpha+\frac{3}{a}\right),\ \ldots\ \alpha+\frac{a-1}{a}.$$

Zusammen mit den Endgliedern $f(\alpha)$ und $f(\alpha+1)$ stellen sie eine Teilstrecke dar, die von einem negativen zu einem positiven Gliede steigt und in der daher 0 liegt. Die Limitation

$$f\left(\alpha+\frac{y}{a}\right) < 0 \quad f\left(\alpha+\frac{y+1}{a}\right)$$

ist daher aus den obigen analogen Gründen immer lösbar, also auch nach dem erweiterten Lösungsbegriff die Gleichung $f\left(\alpha+\frac{y}{a}\right) = 0$. Ist die Lösung der Gleichung exakt, so hat sie die Form $\alpha+\frac{\beta}{a}$, ist sie diterm, also bloß angenähert, so sind die lösenden Terme $\alpha+\frac{\beta}{a}$ und $\alpha+\frac{\beta+1}{a}$, und die Fehlergrenze dieser Lösung ist

$$f\left(\alpha+\frac{\beta+1}{a}\right) - f\left(\alpha+\frac{\beta}{a}\right) = \Delta f\left(\alpha+\frac{\beta}{a}\right).$$

Sie ist kleiner als $\Delta f(\alpha)$. In letzterem Falle kann man zu einer abermaligen Interpolation von $y = \frac{z}{a}$ in $f\left(\alpha+\frac{\beta+y}{a}\right)$ schreiten, wodurch sich in analoger Weise entweder eine exakte Lösung von der Form $\alpha+\frac{\beta}{a}+\frac{z}{a^2}$ oder eine diterme mit der abermals verkleinerten Fehlergrenze $\Delta f\left(\alpha+\frac{\beta}{a}+\frac{z}{a^2}\right)$ ergibt. — Das Verfahren kann man fortsetzen bis man entweder eine monoterme Lösung von der Form $x = \alpha+\frac{\beta}{a}+\frac{\gamma}{a^2}+\frac{\delta}{a^3}+\ldots+\frac{z}{a^n}$, oder eine diterme mit entsprechenden Formen der Terme und so kleiner Fehlergrenze gefunden hat, daß sie den Anforderungen an die Genauigkeit genügt.

Die Form der Lösung stellt eine nach Potenzen von $\frac{1}{a}$ geordnete Summe oder eine gebrochene Zahl im Zahlensystem mit der Grundzahl a dar. — Die Wahl der Grundzahl des Systems ist vollkommen frei. Es ist nicht einmal notwendig, bei allen Interpolationen dieselbe Grundzahl beizubehalten, falls man nicht darauf Gewicht legt, als Lösungen Zahlen eines bestimmten Systems zu erhalten. Übrigens hängt es mit von der Wahl der Grundzahl ab, ob und wann man zu einer monotermen Lösung der Gleichung gelangt, denn die Lösung in derselben Strecke kann in einem bestimmten Zahlensystem exakt sein, während sie im anderen nur angenähert bleibt, einerlei, wie weit man die Interpolation fortsetzt. Es gibt aber auch Lösungen von Gleichungen, welche für alle möglichen Grundzahlen oder Zahlensysteme unexakt bleiben. Wir nennen solche Lösungen wesentlich unexakt oder wesentlich diterm. Eine in einem bestimmten Zahlensysteme, aber nicht wesentlich diterme Lösung hat immer die Eigenschaft, daß die Nenner ihrer Summanden sich von einem bestimmten Posten an periodisch wiederholen, wenn man die Interpolation beliebig fortsetzt.

Betrachten wir nun die Gesamtheit der Näherungswerte einer wesentlich ditermen Lösung. Jede besteht aus einem Paar von Zahlen, deren eine zu klein und deren andere zu groß ist. Trennen wir die Paare und betrachten wir jede ihrer Zahlen — von unserer bisherigen Auffassung abweichend — als eine angenäherte Lösung der Gleichung, so können wir alle Lösungen in zwei Gruppen bringen, die der zu kleinen und die der zu großen Lösungen. Zwischen beiden Gruppen gibt es nun eine zwar durch keine bestimmte Zahl angebbare aber dennoch vorhandene, reale Grenze; denn angenommen, die beiden Gruppen seien durch einen endlichen Zwischenraum mit zwei Grenzen geschieden, so könnte die Fehlergrenze niemals kleiner als dieser Zwischenraum werden, während sie doch durch fortschreitende Interpolationen kleiner als jede beliebige Zahl gemacht werden kann. Die Grenze zwischen beiden Gruppen der angenäherten Lösungen läßt sich daher, trotz ihrer Nichtdarstellbarkeit, als ideale Zahl betrachten; sie ist eine irrationale Zahl.[1]) Sie ist zugleich die ideale monoterme Lösung der Gleichung. Die irrationale Zahl wird durch die Gleichung definiert. — Durch die Einführung der irrationalen Zahlen erhalten alle Gleichungen monoterme Lösungen, auch diejenigen, deren Lösungen in rationalen Zahlen wesentlich diterm sind.

Die Sätze dieses Paragraphen gelten für Gleichungen aller Art. Nunmehr wollen wir die Gleichungen sondern in solche, deren Reihe eine arithmetische ist und solche, deren Reihe es nicht ist. Die ersteren nennen wir algebraische, die letzteren transszendente Gleichungen. — Für algebraische Gleichungen insbesondere gelten folgende Sätze:

Eine algebraische Gleichung ersten Grades mit rationalen Koeffizienten ist immer durch rationale Zahlen monoterm lösbar. — Alle rationalen Zahlen lassen sich als Lösungen algebraischer Gleichungen ersten Grades definieren.

Gleichungen höheren als ersten Grades sind nur in besonderen Fällen durch rationale Zahlen monoterm lösbar; im allgemeinen sind ihre monotermen Lösungen irrationale Zahlen. — Die Frage, ob umgekehrt alle irrationalen Zahlen sich als Lösungen algebraischer Gleichungen zweiten und höheren Grades darstellen lassen, ist hier nicht zu beantworten.

§ 31. Die Zerlegung der Reihen in Strecken.

Nachdem die Lösbarkeit von Gleichungen, welche sich auf eine bestimmte Strecke der Reihe beziehen, gezeigt wurde, ist es nunmehr unsere Aufgabe, die Reihen in Strecken zu zerlegen und die Formen der einzelnen Strecken zu bilden. Kennen wir alle Strecken einer Reihe und diejenigen unter ihnen, in welchen 0 liegt, so können wir alle Lösungen der unbegrenzten, d. h. auf keine bestimmte Strecke beschränkten Gleichung $f(x) = 0$ finden,

---

[1]) Vergleiche hiermit die Dedekindsche Definition der irrationalen Zahl in: Stetigkeit und irrationale Zahlen. Braunschweig, 1872.

indem wir die Gleichung für alle Strecken ihrer Reihe lösen. Auch die Anzahl der Lösungen der Gleichung ist also damit gegeben.

Nun ist aus früheren Untersuchungen (§ 23, III) der Satz bekannt, daß den Zeichenwechselstellen der Differenzreihe einer Reihe die Richtungswechselstellen der Reihe selbst entsprechen. Dieser Satz kann bei der Zerlegung einer Reihe in Strecken dann behilflich sein, wenn die Strecken der Differenzreihe bekannt oder leichter zu finden sind, wie die der Integralreihe. Das trifft insbesondere zu bei den **arithmetischen Reihen**, bei denen die Differenzreihe immer von um 1 niedriger Ordnung wie ihre Integralreihe ist. Die iterierte Differenziation führt also hier schließlich zu Reihen 1. Ordnung, welche immer aus nur **einer** Strecke bestehen. Danach liegt in der wiederholten Differenziation der arithmetischen Reihe ein Mittel, sie in Strecken zu zerlegen, und zwar nach folgendem Verfahren. Ist die Reihe von n-ter Ordnung, so ist ihre $n-1$-te Differenzreihe von erster Ordnung, besteht also aus nur einer Strecke. Da immer 0 in dieser liegt, so findet in ihr auch immer ein Zeichenwechsel statt, dessen Lage wir durch Lösung ihrer Gleichung $a\binom{x}{1} + b = 0$ finden. Die monoterme oder diterme Lösung gibt nun zugleich die Stelle des Richtungswechsels in der vorhergehenden Differenzreihe $a\binom{x}{2} + b\binom{x}{1} + c$ an und führt so zur Zerlegung dieser Reihe in zwei Strecken. Liegt in diesen 0, und zwar nicht am Ende, sondern im Innern der Strecken, so findet in ihnen ein Zeichenwechsel statt, dessen Lage durch Lösung der Gleichung $a\binom{x}{3} + b\binom{x}{1} + c = 0$ gefunden wird. Die Lösungen bestimmen wiederum die Lage der Richtungswechsel in der vorhergehenden Differenzreihe dritter Ordnung $a\binom{x}{3} + b\binom{x}{2} + c\binom{x}{1} + d$ und zerlegen diese im allgemeinen in drei Strecken, von denen mindestens eine einen Zeichenwechsel enthält. Die Zeichenwechsel dieser Reihe führen dann bei Fortsetzung des Verfahrens zu den Richtungswechseln der vorhergehenden Differenzreihe und zu deren Zerlegung in Strecken usw., bis die gegebene Reihe selbst in Strecken zerlegt ist.

Wir haben angenommen, daß die Reihe in der Form

$$a\binom{x}{n} + b\binom{x}{n-1} + c\binom{x}{n-2} + \ldots + g\binom{x}{2} + h\binom{x}{1} + k$$

gegeben war, also als Polyform von A-Formanten, und ebenso ihre sämtlichen Differenzreihen. Es empfiehlt sich jedoch, zur Bestimmung der negativen Lösungen der Streckengleichungen, diese durch Konversion in Formen mit B-Formanten darzustellen, da man dann immer nur mit positiven Termen zu rechnen hat.

Die Terme der Richtungswechsel der Reihe sind entweder einzelne Zahlen oder Zahlenpaare, je nachdem die Lösung der entsprechenden Gleichung monoterm oder diterm ist. Im ersten Falle hat man die Wahl, ob man das dem Term entsprechende Glied der vorhergehenden oder der folgenden Strecke zuteilen will.

Im zweiten Falle wird man immer den ersten Term zum Endterm der vorhergehenden, den zweiten zum Anfangsterm der folgenden Strecke machen. Ist die Reihe so in Strecken geteilt, so bildet man für jede Strecke eine besondere Form, die Streckenform in der Weise, daß das Anfangsglied der Strecke auch das Anfangsglied der Form ist. Da man nun die Wahl hat, ob man die Reihe von links nach rechts mit wachsenden positiven Termen, oder nach Konversion der Reihe von rechts nach links durchlaufen will, hat man auch, außer bei den beiden Endstrecken, die Wahl, welches der beiden Grenzglieder der Strecke man zum Anfangsglied der Form, und damit auch, ob man die Strecke zu einer steigenden oder einer fallenden machen will.

Bei der Zerlegung einer Reihe in Strecken ist nun ein Umstand nicht zu übersehen: Die Auffindung der Strecken hängt ab von den Intervallen der Reihe der Termen oder, was dasselbe, von dem Grade der Annäherung, mit welchem die entsprechenden Gleichungen gelöst werden. Dieselbe Form kann innerhalb bestimmter Grenzen eine ununterbrochen steigende Reihe von Gliedern liefern, wenn der Term die natürliche Zahlenreihe durchläuft, während sie Richtungswechsel zeigt, wenn der Term eine Reihe gebrochener Zahlen durchläuft, wodurch zwischen den Gliedern der ersten Reihe weitere Glieder interpoliert werden. Ob also durch die angegebene Methode alle Strecken der Reihe gefunden werden, hängt von der Genauigkeit der Rechnung ab. Mit dem allgemeinen Satze, daß man um so eher alle Strecken finden wird, je kleiner man die Fehlergrenze bei Lösung der Gleichungen macht, wird man sich jedoch nicht begnügen dürfen. Man bedarf absolut sicherer Kriterien dafür, wie weit man in der Genauigkeit der Rechnung gehen muß, um sicher alle Strecken und damit alle Lösungen zu finden. Solche Kriterien werden sich für algebraische Gleichungen im Laufe unserer späteren Untersuchungen ergeben.

Weiß man, daß die gegebenen Gleichungen nur ganzzahlige Lösungen haben, oder kennt man bei gebrochenen Lösungen den größtmöglichen Nenner, so sind Untersuchungen über die Vollständigkeit der Lösungen nicht notwendig. Dasselbe gilt, wenn nur ganzzahlige Lösungen oder gebrochenzahlige mit gegebenem Maximum des Nenners verlangt werden. Hier handelt es sich jedoch um sämtliche Lösungen einer Gleichung.

§ 32. Die Schnittgleichungen.

Durch die Zeichenwechsel wird eine Reihe in Abteilungen oder Abschnitte zerlegt. Betrachten wir den Zeichenwechsel daher als einen Schnitt, so sind die Formen der Reihe, deren Anfangsglied das Glied hinter einem Schnitt ist, Schnittformen der Reihe und die entsprechenden Gleichungen Schnittgleichungen. Sie sind also Analoga der Streckengleichungen. Doch während die Aufstellung einer Streckengleichung nur die Lösung der vorhergehenden Differenzreihengleichung erfordert, ist es zur Aufstellung einer

Schnittgleichung natürlich erforderlich, den Schnitt selbst zu kennen. — Die Glieder vor dem Schnitt können in gleicher Weise wie die hinter dem Schnitt zu Anfangsgliedern von Schnittformen gemacht werden, nachdem die Reihe konvertiert worden ist. —
Ist $a\binom{x}{n} + b\binom{x}{n-1} + c\binom{x}{n-2} + \ldots + g\binom{x}{2} + h\binom{x}{1} + k$
eine Schnittform, also k das Anfangsglied oder das erste Glied nach dem Schnitt, so ist das vorhergehende Glied entweder 0 oder von entgegengesetztem Vorzeichen wie k. Wenn also

1. $k > 0$, so ist $k - h + g - + \ldots (\ldots + c - b + a)\binom{-1}{n} < 0$
2. $k < 0$, so ist $k - h + g - + \ldots (\ldots + c - b + a)\binom{-1}{n} > 0$.

Diese Limitationen sind also die Merkmale oder Bedingungen der Schnittgleichungen. — Ist die Reihe erster Ordnung, so gehen die Bedingungen über in $b > a$ und $b < -a$, wo die zweite nur erfüllt sein kann, wenn a negativ oder die Reihe eine fallende ist. —

Hat die Differenzreihe einer gegebenen Reihe Schnittform, so hat die Reihe selbst Streckenform, und umgekehrt: eine Reihe in Streckenform hat eine Differenzreihe in Schnittform. Daraus ergibt sich, daß die obigen Relationen zwischen den Koeffizienten der Schnittform auch gelten für die Koeffizienten der Streckenform, jedoch ist dabei zu beachten, daß der letzte Koeffizient (des unveränderlichen Postens) nicht einbezogen ist. Die Relationen bleiben natürlich auch bestehen, wenn man höhere Integralreihen aus der gegebenen Form ableitet, doch scheidet mit jeder Integration ein weiterer Koeffizient aus, nämlich der neu hinzukommende willkürliche.

§ 33. Die Reihenformen als Produkte von Formen erster Ordnung.

Hat die algebraische Gleichung n-ten Grades $F_n(x) = 0$ die monoterme Lösung α, so läßt sich $F_n(x)$ in der Form $(x - \alpha)F_{n-1}(x)$, hat sie die diterme Lösung (α, α'), so läßt sie sich in der Form $(x - \alpha)F_{n-1}(x) + r$ und $(x - \alpha')F_{n-1}(x) - t$ darstellen, wo $F_{n-1}(x)$ eine Form $n-1$-ter Ordnung bedeutet. Denn ist $F_n(\alpha) = 0$, so ist $F_n(y + \alpha) = 0$, wenn $y = 0$ ist. Substituieren wir also $x = y + \alpha$, so erhalten wir eine Form, deren Anfangsglied 0 ist, und deren sämtliche Posten daher den Faktor y enthalten. Daher ist $F_n(y + \alpha) = yF_{n-1}(y + \alpha) = (x - \alpha)F_{n-1}(x)$. — Aus demselben Grunde kann man die Form einer Gleichung mit ditermer Lösung (α, α'), wo $F_n(\alpha) + r = 0$, $F_n(\alpha') - t = 0$ ist, durch die beiden Formen $(x - \alpha)F_{n-1}(x) + r$ und $(x - \alpha')F_{n-1}(x) - t$ darstellen. Da nun r und t kleiner als $\Delta F_{n-1}(\alpha)$ sind, so stellen $(x - \alpha)F_{n-1}(x)$ und $(x - \alpha')F_{n-1}(x)$ Reihen dar, deren Glieder von denen der Reihe $F_n(x)$ um Beträge die kleiner als $\Delta F_n(\alpha)$ sind, abweichen. Deshalb kann man unter allen Umständen die Formen $(x - \alpha)F_{n-1}(x)$ oder $(x - \alpha')F_{n-1}(x)$ als mindestens angenäherte Darstellungen von $F_n(x)$ betrachten, wobei der Fehler durch Einführung gebrochener Terme beliebig klein gemacht werden kann.

Verschwindet bei der Substitution $x = y + a$ nicht nur der konstante Posten der Form, sondern außerdem noch λ weitere der folgenden Posten, so läßt sich, wenn $F_n(x)$ ein Potenzpolynom ist, $F_n(y-a)$ auf die Form $y^\lambda F_{n-\lambda}(y+a) = (x-a)^\lambda F_{n-\lambda}(x)$ bringen. In diesem Falle hat die Gleichung λmal die Lösung a.

Hat die Gleichung $F_n(x) = 0$, λmal die Lösung a, μ mal β, ν mal γ usw., π mal die Lösung ϑ und sind dieses alle Lösungen der Gleichung, so ist nach früheren Sätzen $\lambda + \mu + \nu + \ldots + \pi \leq n$ und der Defekt der Lösungen $n - (\lambda + \mu + \nu + \ldots + \pi)$ immer eine gerade Zahl, die wir durch $2\varkappa$ ausdrücken wollen. Es ist dann

$$F_n(x) = (x-a)^\lambda \cdot (x-\beta)^\mu (x-\gamma)^\nu \ldots (x-\vartheta)^\pi F_{2\varkappa}(x).$$

Die Form $F_{2\varkappa}(x)$ und die entsprechende Gleichung nennen wir das **Residuum** der Gleichung, mit dem wir uns unten näher zu beschäftigen haben werden.

Ist $\Phi_n(x)$ das **Polyform** einer Gleichung mit der Lösung a und verschwinden durch die Substitution $x = y + a$ außer dem konstanten Posten der Form noch λ weitere der benachbarten Posten, so ist $\Phi_n(y+a) = y(y-1)(y-2)\ldots(y-\lambda)\Phi_{n-\lambda}(y+a) = (x-a)(x-a-1)(x-a-2)\ldots(x-a-\lambda)\Phi_{n-\lambda}(x)$.

Die Gleichung hat dann $\lambda + 1$ aufeinanderfolgende Lösungen und die Reihe der Gleichung besitzt eine ebene Strecke von $\lambda - 1$ Nullgliedern.

§ 34. Reihennetze und deren Gleichungen.

Enthält eine Form zwei veränderliche Größen, so stellt sie eine **zweifache Mannigfaltigkeit** von Gliedern dar, die wir uns immer zugleich als Mannigfaltigkeit von Reihen vorstellen können. Ist nämlich die Form $f(x, y)$, so stellt diese für jeden konstanten Wert in y eine Reihe mit dem Term x, für jeden konstanten Wert von x eine Reihe mit dem Term y dar. Die Mannigfaltigkeit enthält also zwei Scharen von Reihen, von denen wir die erste uns immer als System wagerechter (Zeilen), die zweite als System senkrechter Reihen (Kolonnen) mit konstanter Entfernung vorstellen wollen, die einander rechtwinklig schneiden. Aus diesem Grunde nennen wir die ganze Mannigfaltigkeit ein **Reihennetz**.

Ist nun die Form $F(x, y)$ von der Beschaffenheit, daß jede ihrer Zeilen und Kolonnen eine **arithmetische Reihe** ist, so nennen wir sie eine arithmetische. Sie läßt sich dann als Polynom oder Polyform von x wie von y darstellen, und ihre Posten lassen sich entweder nach Potenzen oder Formanten von x, deren Koeffizienten arithmetische Formen von y, oder nach Potenzen oder Formanten von y, deren Koeffizienten arithmetische Formen von x sind, ordnen.

Die Gleichung $F(x, y) = 0$ ist eine **algebraische Gleichung mit zwei Unbekannten**. Liegt in einer bestimmten Zeile oder Kolonne ein Zeichenwechsel, so ist die Gleichung für die betreffende Zeile oder Kolonne lösbar. Eine Zeilen- oder Kolonnengleichung kann so viele Lösungen haben als ihre Ordnung angibt, sie muß nur dann mindestens eine haben, wenn sie von ungerader Ordnung ist. Ein Zahlennetz hat also nur dann notwendig in jeder Zeile und Kolonne eine Nullstelle, wenn ihre sämmtlichen Zeilen- und Kolonnengleichungen von ungerader Ordnung sind. Das gilt für das Netz $F(x, y)$, wenn die Form sowohl in bezug auf x als in bezug auf y von ungerader Ordnung ist und der Koeffizient der höchsten Potenz oder der höchsten Formante niemals 0 wird.

Eine bestimmte Zeile $F(x, y')$ habe nun in steigender Strecke bei x' einen Zeichenwechsel, so daß

$$F(x', y') \lessgtr 0 \lessgtr F(x'+1, y').$$

Die Gleichung $F(x, y') = 0$ hat dann entweder die monoterme Lösung x' oder die diterme $x', x'+1$. $F(x', y')$ ist entweder 0 oder negativ, $F(x'+1, y')$ ist positiv. Gehen wir jetzt zur nächsten Zeile $F(x, y'+1)$ über und betrachten wir in ihr die beiden entsprechenden Glieder $F(x', y'+1)$ und $F(x'+1, y'+1)$. Die vier Glieder bilden dann ein folgendermaßen angeordnetes Quadrat

$$F(x', y'+1), \qquad F(x'+1, y'+1)$$
$$F(x', y'), \qquad F(x'+1, y')$$

das wir ein Elementarquadrat des Netzes nennen. Als Abstand seiner Glieder in horizontaler und vertikaler Richtung betrachten wir die Differenz der entsprechenden Terme also 1. Der Abstand der in der Diagonale liegenden Glieder ist dann eine komplexe Einheit, d. h. die Summe einer Einheit in horizontaler und einer in vertikaler Richtung, wobei es einerlei ist, in welcher Reihenfolge wir die Addition vornehmen. — Was nun die Vorzeichen der vier Glieder des Elementarquadrates betrifft, so sind, nachdem die der beiden unteren Glieder als —+ bestimmt sind, die durch folgendes Schema veranschaulichten vier Fälle möglich:

1. —+   2. ++   3. ——   4. +—
   —+   —+   —+   —+

wo jedoch an die Stelle des linken unteren und eines der oberen Glieder auch 0 treten kann. Schließen wir diesen Spezialfall vorläufig aus, so liegt außer der schon bekannten Lösung der Gleichung eine zweite Lösung

im Falle 1 in der Zeile $\quad F(x, y'+1)$
„ „ 2 „ „ Kolonne $F(x', y)$
„ „ 3 „ „ „ $F(x'+1, y)$
„ „ 4 liegt in jeder der zwei Zeilen und Kolonnen eine.

Ist eines der beiden oberen Glieder 0, so können wir es nach Belieben zur Zeile oder zur Kolonne rechnen, in welcher es liegt. In allen Fällen kommt zur einen Nullstelle oder Lösung in der unteren Zeile eine zweite hinzu, deren Abstand von der ersten höchstens gleich einer einfachen oder komplexen Einheit ist. Da dasselbe auch gilt, wenn wir statt von einer steigenden von einer fallenden Strecke, oder statt von einer Strecke in einer Zeile von einer solchen in einer Kolonne ausgegangen wären, oder wenn wir statt von unten nach oben oder links nach rechts von oben nach unten oder rechts nach links vorgeschritten wären, oder endlich, wenn wir von der Strecke, welche die erste Lösung enthält, gleichzeitig in beiden entgegengesetzten Richtungen uns bewegt hätten, so folgt allgemein der Satz:

Jeder Lösung einer Gleichung $F(x, y) = 0$ sind mindestens zwei andere Lösungen benachbart, d. h. sie befinden sich in entgegengesetzter Richtung über und unter oder rechts und links von ihr in den Abständen von höchstens einer einfachen oder komplexen Einheit.

Fassen wir daher die Gesamtheit der Nullstellen des Netzes $F(x, y)$ ins Auge, so erscheinen sie in Reihen angeordnet, aus Gliedern, deren Abstand eine bestimmte Grenze niemals überschreitet. Nennen wir nun eine Reihe von Stellen in einem Netze ununterbrochen, wenn der Abstand aufeinanderfolgender Glieder innerhalb einer festgesetzten Grenze bleibt, so sind die Reihen der Nullstellen relativ zur einfachen oder komplexen Einheit als Abstandsgrenze ununterbrochen. Wären die Nullstellen alle monoterm, so könnten wir ihre Reihe durch eine einfache Linie darstellen. Da sie jedoch im allgemeinen nur durch zwei benachbarte Glieder einer der Zeilen oder Kolonnen des Netzes bezeichnet werden können, so wollen wir die Reihe der Nullstellen durch eine Doppellinie darstellen, indem wir die sie begrenzenden Glieder gleichen Vorzeichens durch gerade Linien miteinander verbinden. Die Nullstellen werden dann durch diese parallele Doppellinie eingeschlossen. Sie liegen innerhalb oder auf dem Rande eines ununterbrochenen Bandes von der Breite einer Einheit oder mehrerer solcher Bänder, welche im allgemeinen stufenförmig verlaufen. Ist eine Nullstelle mit einem Gliede des Netzes identisch, so hat man die Wahl, in welchen Rand des Bandes man sie legen will, oder man gibt an dieser Stelle dem Bande die doppelte Breite, indem man es an beiden Seiten der Nullstelle herumführt. Im Falle 4 des obigen Schemas liegt ein Kreuzungspunkt zweier Bänder vor, während 1 eine gerade Stelle des Bandes, 3 und 4 rechtwinklige Stufen darstellen. Wir wollen diese Bänder nun kurz als die Nullbänder des Netzes bezeichnen.

Um den Verlauf der Nullbänder beschreiben zu können, denken wir uns ein rechtwinkliges Linienkreuz, dessen Schenkel immer den Zeilen und Kolonnen des Netzes parallel bleiben, in bestimmter Richtung längs des Nullbandes verschoben. Fällt sein Scheitelpunkt mit einem Gliede des Netzes zusammen, so liegt das in der Bewegungsrichtung folgende Elementarquadrat des Nullbandes in einem seiner vier Quadranten. Numerieren wir diese in der üblichen Weise oder bezeichnen wir sie nach ihrer Lage als rechtsoben (ro), linksoben (lo), linksunten (lu) und rechtsunten (ru), so können wir die Lage des Elementarquadrates und damit die Bewegungsrichtung des Nullbandes bezeichnen. Bleibt für eine Reihe von Lagen des Richtungskreuzes das folgende Elementarquadrat in demselben

Quadranten, so nennen wir die Richtung des Nullbandes für diese Lagen unverändert. Ein Stück des Nullbandes von unveränderter Richtung nennen wir eine **Strecke** derselben. Mit Hilfe des Richtungskreuzes können wir also die Nullbänder in Strecken zerlegen.

Die Nullbänder trennen voneinander die Gebiete verschiedenen Vorzeichens der Glieder des Netzes. Hat also ein Netz überhaupt Gebiete verschiedenen Vorzeichens, so hat es auch Nullbänder. **Zwischen zwei Gliedern mit verschiedenem Vorzeichen liegt immer eine ungerade Anzahl von Nullbändern**, also deren mindestens eine, einerlei auf welchem Wege man von einem zum anderen Gliede gelangen mag.

§ 35. Die Beziehungen zweier Reihennetze.

Denken wir uns zwei Netze $F_1(x, y)$ und $F_2(x, y)$ mit den Gliedern gleichen Termes aufeinandergelegt. Im allgemeinen werden dann die aufeinanderliegenden Glieder verschieden sein. Die Netze können jedoch auch gemeinsame Glieder, insbesondere gemeinsame Nullglieder haben. Diese sind dann gemeinsame Lösungen der Gleichungen $F_1(x, y) = 0$ und $F_2(x, y) = 0$. Unter solchen wollen wir jedoch nicht bloß exakt gleiche Glieder beider Netze verstehen, sondern gemeinsame Nullstellen. Gemeinsame Nullstellen wiederum sind entsprechende Elementarquadrate, in oder zwischen deren Gliedern eine Null liegt. Der Abstand der Stelle der Null in beiden Netzen ist dann, wenn wir den Fall ausschließen, daß die Null in verschiedenen Gliedern des Quadrats liegen darf, kleiner als eine einfache oder komplexe Einheit.

Haben zwei Netze eine gemeinsame Nullstelle, so ist sie zugleich eine gemeinsame Stelle oder eine **Schnittstelle** ihrer Nullbänder. Daraus ergibt sich ein einfaches Kriterium für das Vorhandensein einer gemeinsamen Lösung oder für die Lösbarkeit eines Systems zweier Gleichungen. Die erste Bedingung ist natürlich das Vorhandensein von Nullbändern in jedem der beiden Netze. Lassen sich nun zwei Stellen (x', y') und (x'', y'') des Nullbandes von $F_1(x, y)$ angeben, für welche die entsprechenden Glieder des Netzes $F_2(x, y)$ also $F_2(x', y')$ und $F_2(x'', y'')$ entgegengesetztes Vorzeichen haben, so liegt zwischen ihnen mindestens ein Nullband bzw. eine Strecke einer solchen, einerlei auf welchem Wege wir von einem zum anderen Gliede übergehen. Bewegen wir uns nun auf dem Nullbande von $F_1(x, y)$ von (x', y') nach (x'', y''), so passieren wir notwendig ein Nullband von $F_2(x, y)$. Die Nullbänder beider Netze haben also mindestens eine Schnittstelle und das Gleichungssystem eine Lösung.

Addiert oder subtrahiert man zwei Reihennetze $F_1(x, y)$ und $F_2(x, y)$ in gleicher Weise, wie man einfache Reihen addiert oder subtrahiert (§ 10), so entstehen neue Netze $F_1(x, y) \pm F_2(x, y)$, welche an den Schnittstellen der Nullbänder der ersten Netze ebenfalls Nullstellen besitzen.

Dieses ist leicht zu beweisen, wenn die gemeinsamen Nullstellen in gemeinsamen Nullgliedern bestehen. Um den Satz allgemein auch für gemeinsame Elementarquadrate mit Nullstellen zu beweisen, betrachten wir eine Schnittstelle der Nullbänder von $F_1(x, y)$ und $F_2(x, y)$. Sie kann eine einfache Schnittstelle sein, wie sie durch das Schema der Figur 1 veranschaulicht wird, wo die inneren Vorzeichen sich auf die sich von links nach rechts, die äußeren sich auf das von unten nach oben bewegende Nullband beziehen. (Übrigens sind die Richtungen gleichgültig und nur zur Verdeutlichung des Bildes eingezeichnet.) Werden nun beide Netze addiert, so entsteht das Schema a der Vorzeichen, wo die Fragezeichen die zweifelhaften Vorzeichen bedeuten.

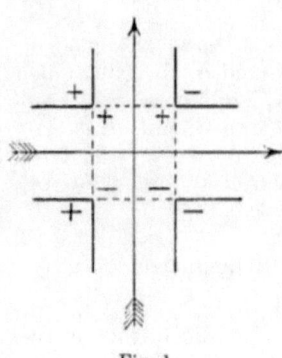

Fig. 1.

a) $\begin{array}{c} + \ ? \\ ? \ - \end{array}$ b) $\begin{array}{c} ? \ - \\ + \ ? \end{array}$ c) $\begin{array}{c} ? \ + \\ - \ ? \end{array}$

Werden die Netze subtrahiert, so entsteht Schema b oder c, je nachdem welches Netz zum Minuenden, welches zum Subtrahenden gewählt wird. In allen Fällen entsteht, man mag an die Stelle der Fragezeichen Vorzeichen, welche man will, setzen, ein Elementarquadrat mit mindestens zwei Zeichenwechseln in seinen Seiten, also eine Nullstelle des neuen Netzes. — Die Schnittstelle kann aber auch mehrgliedrig sein, wie eine im Schema Figur 2 dar-

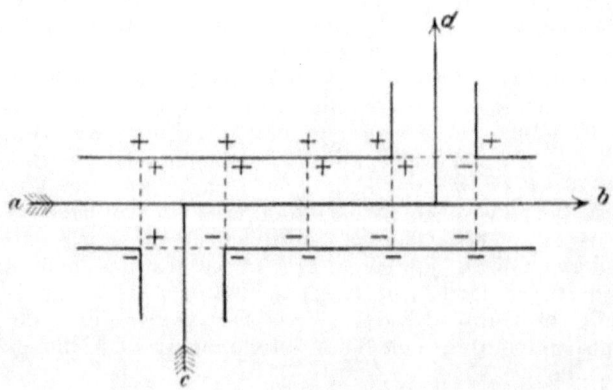

Fig. 2.

gestellt ist. Sie ist viergliedrig angenommen, doch wird an der Betrachtung nichts wesentlich geändert, wenn die Zahl der Glieder vermehrt wird, oder etwa die Glieder senkrecht angeordnet, oder andere Richtung oder Verlauf der Bänder innerhalb der Schnittstelle angenommen würde. Werden nun die Netze addiert, so entsteht das Schema d, während bei Subtraktion der Netze voneinander Schema e oder f entsteht.

d) $+ + + + + ?$ e) $? ? ? ? +$ f) $? ? ? ? -$
$? - - - -$ $- ? ? ? ?$ $+ ? ? ? ?$

Wiederum ergeben sich an der Schnittstelle des neuen Netzes unter allen Umständen mindestens zwei Zeichenwechsel, welche Vorzeichen immer man an die Stelle der Fragezeichen setzen mag.

Danach ergibt sich, daß einer Schnittstelle der Nullbänder der Netze $F_1(x, y)$ und $F_2(x, y)$ immer eine Nullstelle der addierten oder subtrahierten Netze entspricht. Und da die Addition und Subtraktion beliebig wiederholt werden kann, so hat auch das Netz $a \cdot F_1(x, y) + b \cdot F_2(x, y)$ Nullstellen in den Schnittstellen der Nullbänder beider gegebenen Netze. Die Koeffizienten a und b können dabei auch variable Größen darstellen. Anders ausgedrückt:

Hat das Gleichungssystem

(1) $\qquad F_1(x, y) = 0, \qquad F_2(x, y) = 0$

an einer Stelle, die aus einem oder mehreren Elementarquadraten bestehen kann, Lösungen, so haben auch die Gleichungen von der Form

(2) $\qquad a \cdot F_1(x, y) \pm b \cdot F_2(x, y) = 0$

an derselben Stelle Lösungen. Ein Paar beliebiger Gleichungen dieser drei Formen kann daher jedes andere Paar vertreten, sie sind alle untereinander äquivalent.

Es sei auch hier ausdrücklich bemerkt, daß gemeinsame Lösungen des Systems (1) sich als verschieden erweisen können, wenn man von Reihennetzen, deren Reihen den Abstand 1 haben, zu solchen mit kleinen Abständen durch Substitution gebrochener Terme übergeht. Das ändert nichts daran, daß die Lösungen als gleiche betrachtet werden; denn gleich sein heißt hier, wo nicht ausdrücklich exakte Gleichheit verlangt wird, immer nur gleich sein relativ zu einer gegebenen oder geforderten Fehlergrenze.

§ 36. Die binomische Lösung der Gleichungen.

Die Lösung einer Gleichung stellt sich im allgemeinen nicht als eine einfache Zahl, sondern als eine Summe zweier Zahlen oder als Binom dar, nämlich als Summe des Terms des Richtungswechsels der Reihe und der Lösung der Streckengleichung. Es liegt daher nahe, die Lösung einer Gleichung von vornherein als Binom darzustellen. In der Tat erweist sich diese Darstellung als ein unentbehrliches methodisches Mittel, die Gleichungen, wo nicht zu lösen, so doch zu diskutieren und allgemeine Eigenschaften der Lösungen nachzuweisen. Da nun eine Gleichung von ungeradem Grade unter allen Umständen eine Lösung hat und daher eine Diskussion ihrer Lösbarkeit unnötig ist, und da man sie durch Ausscheidung eines Faktors erster Ordnung (§ 33) immer auf eine Gleichung von geradem Grade zurückführen kann, beschränken wir uns hier auf die Betrachtung von Gleichungen der letzteren Art. Ist $2\varkappa$ die Ordnungszahl der Gleichung, so soll ihre Form, als Potenzpolynom durch $F_{2\varkappa}(x)$ dargestellt werden.

In die Gleichung $F_{2\varkappa}(x) = 0$ substituieren wir nun $x = u + v$ und entwickeln die einzelnen Posten nach dem binomischen Satze. In der so entwickelten Form sondern wir die Posten, welche eine gerade Potenz von v einschließlich 0 enthalten, von denen, welche eine ungerade Potenz enthalten. Da alle die letzteren v als Faktor enthalten, können wir v als gemeinsamen Faktor aussondern. Die Gleichung nimmt dann die Form

(1) $$\Phi(u, v^2) + v\Psi(u, v^2) = 0$$

an, wo $\Phi(u, v^2)$ und $\Psi(u, v^2)$ Netze arithmetischer Reihen darstellen. Die Gleichung wird nun offenbar gelöst sein, wenn jeder Summand für sich gleich 0 ist, oder, da nicht $v = 0$ anzunehmen ist, wenn

(2) $$\Phi(u, v^2) = 0 \quad \text{und} \quad \Psi(u, v^2) = 0.$$

Es ist nun zu zeigen, daß dieses System immer in bezug auf u und v^2 lösbar ist, wenn auch für v^2 negative Werte zugelassen werden.

Ordnen wir die Formen von (2) nach Potenzen von v^2, so erhalten wir die Gleichungen

(3) $$av^{2\varkappa} + F_2(u)v^{2(\varkappa-1)} + F_4(u)v^{2(\varkappa-2)} + \ldots + F_{2n}(u) = 0$$

(4) $$F_1(u)v^{2(\varkappa-1)} + F_3(u)v^{2(\varkappa-2)} + \ldots + F_{2n-1}(u) = 0$$

Ist nun $\varkappa$ eine ungerade Zahl, so ist (3) in bezug auf v^2 von ungeradem Grade und daher für jeden beliebigen Wert von u nach v^2 lösbar. Denken wir uns daher die Netze so angeordnet, daß u die horizontale, v^2 die vertikale Variable darstellt, so erstreckt sich mindestens ein Nullband von links nach rechts durch das ganze Netz (3). — Die Gleichung (4) aber ist immer in bezug auf u vom $2n-1$-ten also ungeradem Grade und daher für jeden beliebigen Wert von v^2, negative nicht ausgeschlossen, nach u lösbar. Es erstreckt sich daher ebenfalls mindestens ein Nullband von unten nach oben durch das ganze Netz (4). Beide Nullbänder haben also notwendig eine Schnittstelle, oder die Gleichungen (3) und (4) eine gemeinsame Lösung.[1]

Ist dagegen $\varkappa$ eine gerade Zahl, also Gleichung (3) in bezug auf v^2 von geradem Grade, so bilden wir eine ihr im System äquivalente Gleichung, indem wir die Potenz $v^{2\varkappa}$ eliminieren. Die dadurch entstehende Gleichung

(5) $$F_1(u)\Phi(u, v^2) - av\Psi(u, v^2) = 0$$

---

[1] Der Beweis hat eine Lücke, insofern nicht bewiesen ist, daß die Schnittstelle im Endlichen liegt. Unendliche Lösungen sind nicht ausgeschlossen, doch nur, wenn $v^2 = -\infty$ und daher $x = \infty + i\infty$, x also komplex unendlich ist. Diese Lösung der algebraischen Gleichung ist bisher unbeachtet geblieben.

ist dann vom $\varkappa-1$-ten Grade und daher für jeden Wert von u nach v^2 lösbar. — Für das System (4), (5) gilt dann dasselbe wie für das System (3), (4).

Es gibt also[1]) zum mindesten ein Paar Werte von u und v^2, welche das System (2) erfüllen. — Tatsächlich hat dieses System immer $\varkappa$ Lösungen; doch genügt hier die Annahme einer einzigen.

Daraus folgt unmittelbar, daß die Gleichung $F_{2\varkappa}(x)=0$ immer dann lösbar ist, wenn sich aus (2) für v^2 eine positive Zahl ergibt, und zwar hat sie immer zwei Lösungen für jede Lösung von (2). Ist eine solche u' und v'^2, so sind $x_1 = u'+v'$ und $x_2 = u'-v'$ die beiden entsprechenden Lösungen von $F_{2\varkappa}(x)=0$. Die Größe v' ergibt sich nämlich als Lösung der Gleichung $v^2 - v'^2 = 0$, die als Gleichung einer symmetrischen Form immer zwei dem absoluten Betrage nach gleiche Lösungen mit entgegengesetztem Vorzeichen hat. — Die beiden Lösungen von $F_{2\varkappa}(x)=0$ liegen in zwei zu u' symmetrisch gelegenen Strecken der Reihe $F_{2\varkappa}(x)$.

Durch eine Erweiterung des Begriffes der Lösung einer Gleichung läßt sich nun die Gleichung $F_{2\varkappa}(x)=0$ auch in dem Falle lösbar machen, wo die Lösung des Systems (2) für v^2 eine negative Zahl $-v'^2$ ergibt. Die Hilfsgleichung $v^2+v'^2=0$, von deren Lösung die der ersten abhängt, hat dann nämlich Lösungen, wenn wir zu imaginären Zahlen übergehen. Die Lösungen sind $v_1 = iv'$ und $v_2 = -iv'$. Lassen wir daher auch komplexe Zahlen als Lösungen von $F_{2\varkappa}(x)=0$ zu, so ist ein Paar dieser $x_1 = u'+iv'$ und $x_2 = u'-iv'$.

Nach dieser Begriffserweiterung können wir nunmehr den allgemeinen Satz aussprechen, daß eine Gleichung von gerader Ordnung immer ein Paar konjugierter Lösungen hat, nämlich entweder ein Paar reeller von der Form $x_1 = u'+v'$ und $x_2 = u'-v'$, oder ein Paar komplexer von der Form $x_1 = u'+iv'$ und $x_2 = u'-iv'$. — Insbesondere ist dann auch jede Residuengleichung (§ 33) durch komplexe Zahlen lösbar.

Von der Form einer Gleichung mit komplexer Lösung läßt sich nun wie von der einer solchen mit reeller Lösung, ein linearer Faktor absondern. Hat daher

$F_{2\varkappa}(x)=0$ die Lösungen $x_1 = u'+iv'$, $x_2 = u'-iv'$,

so ist

$F_{2\varkappa}(x) = (x-u'-iv')(x-u'+iv') \cdot F_{2(\varkappa-1)}(x)$.

Da nun $F_{2(\varkappa-1)}(x)$ wiederum ein Paar konjugierter Lösungen haben muß, so kann man mit der Faktorenzerlegung fortfahren, bis die ganze Form in Linearfaktoren aufgelöst ist. Faßt man nun immer zwei konjugierte Faktoren zu einem quadratischen

---

[1]) Vorbehaltlich der Ergänzung des Beweises in bezug auf die Endlichkeit der Lösungen. An der Richtigkeit des Satzes selbst besteht kein Zweifel, so daß wir ihn dem Folgenden zugrunde legen dürfen.

Faktor von der Form $(x-u)^2-v^2$ oder $(x-u)^2+v^2$ zusammen, je nachdem die Lösungen reell oder komplex sind, so ergibt sich als allgemeine Form der Gleichung

(6) $\quad F_{2\varkappa}(x) = ([x-u_1]^2 \mp v_1^2)^\alpha ([x-u_2]^2 \mp v_2^2)^\beta ([x-u_3]^2 \mp v_3^2)^\gamma$
$\quad \ldots ([x-u_n)^2 \mp v_n^2)^\lambda$

wo $\quad \alpha+\beta+\gamma+\ldots+\lambda=\varkappa.$

Ist die Gleichung vom Grade $2\varkappa+1$, so kommt noch ein Linearfaktor $(x-u_r)$ hinzu.

Der **Fundamentalsatz der Algebra** lautet demgemäß: **Jede algebraische Gleichung hat so viele reelle oder komplexe Lösungen als ihr Grad angibt, und sie bilden so viele konjugierte Paare wie die ganze Zahl des Quotienten ihres Grades in 2.**

Es ist von Interesse, als besonderen Fall noch die in bezug auf ihre Lösungen unpaarig symmetrischen Gleichungen zu betrachten, weil bei ihnen die Existenz komplexer Lösungen sich noch auf eine andere Art nachweisen läßt. Ist $F_{2\varkappa}(x)$ eine unpaarig symmetrische Reihe, so läßt sie sich durch eine Substitution $x = u' + z$ immer so umformen, daß der Symmetriepunkt mit dem Nullpunkt zusammenfällt. Die neue Form sei $F'_{2\varkappa}(z)$. Sie enthält, als Potenzpolynom dargestellt, nur gerade Potenzen von z und es ist $F'_{2\varkappa}(z) = F'_{2\varkappa}(-z)$. — Substituieren wir nun hierin $z = iv$, so wird $F'_{2\varkappa}(z) = F'''_{2\varkappa}(v)$. Wir nennen dann $F'''_{2\varkappa}(v)$ die **laterale Form** von $F'_{2\varkappa}(z)$, und umgekehrt, da offenbar auch durch die Substitution von $v = iz$ die zweite Form in die erste übergeht. Beide Formen haben nur reelle Posten. Sie unterscheiden sich voneinander nur dadurch, daß in ihnen die Posten mit Exponenten von der Form $2(2\lambda+1)$ entgegengesetztes Vorzeichen haben.

Ist nun $\varkappa$ eine ungerade Zahl, also $2\varkappa$ selbst von der Form $2(2\lambda+1)$, so haben die beiden höchsten Posten der lateralen Formen entgegengesetztes Zeichen, während die letzten konstanten Posten gleich sind. In einer von beiden Formen haben daher erster und letzter Posten notwendig entgegengesetztes Vorzeichen und die entsprechende Gleichung ist daher reell lösbar. Es ergibt sich also der Satz: **Von zwei zueinander lateralen Gleichungen $F'_{2\varkappa}(z) = 0$ und $F'''_{2\varkappa}(v) = 0$ hat, wenn $\varkappa$ eine ungerade Zahl ist, die eine notwendig eine reelle, und die andere die entsprechende imaginäre Lösung.** Ist nämlich die zweite durch $v = v'$ lösbar, so die erste durch $z = iv'$. — Da man mit demselben Resultat auch $z = -iv$ substituieren könnte, so ist eine zweite Lösung $z = -iv'$. — Hat umgekehrt $F'_{2\varkappa}(z) = 0$ eine reelle Lösung z', so sind iz' und $-iz'$ Lösungen von $F'''_{2\varkappa}(v) = 0$. — Die von $F_{2\varkappa}(x) = 0$ sind im ersten Falle komplex, nämlich $u' + iv'$ und $u' - iv'$, im zweiten Falle reell, nämlich $u' + z'$ und $u' - z'$. — Ist jedoch $\varkappa$ eine gerade Zahl und daher $2\varkappa$ von der Form 4λ, so können die beiden lateralen Gleichungen $F'_{2\varkappa}(z) = 0$ und $F'''_{2\varkappa}(v) = 0$ beide reelle oder beide komplexe Lösungen haben.

— Da die Gleichung zweiten Grades immer unpaarig symmetrisch[1]) ist, und für sie $\varkappa = 1$, also ungerade ist, so ist auf sie immer die obige Lösungsmethode anwendbar. Da ferner für sie die Gleichung (4) sich auf den einen Posten $F_{2u-1}(u) - F_1(u) = 0$ reduziert, so ist u immer eine rationale Zahl, während bei Gleichungen höheren Grades im allgemeinen sowohl u als v irrationale Zahlen verschiedener Gattung darstellen.

§ 37. Die Lösung numerischer Gleichungen.

Ist die Reihe der Gleichung in Strecken zerlegt und sind die Streckengleichungen gebildet, so kann man die Stelle des Zeichenwechsels jeder Strecke, die überhaupt einen solchen aufweist, natürlich durch Bildung einer hinreichenden Anzahl von Gliedern der Strecke ermitteln und so die Streckengleichungen lösen. Diese Methode ist praktisch in allen Fällen, wo die Anzahl der Glieder einer Strecke gering ist. Außerdem läßt sich schon aus den Vorzeichen der Posten der Form das Vorzeichen der ersten Glieder der Reihe erkennen, ohne daß man sie zu bilden braucht, wodurch die Aufgabe unter Umständen etwas abgekürzt werden kann. Jedoch kann diese Lösung der Gleichungen durch Bildung eines, wenn auch nur beschränkten Teiles der Glieder ihrer Reihe nicht als rationelle Methode gelten. Eine solche muß vielmehr ohne Berechnung von Reihengliedern unmittelbar die Lösung zu bestimmen gestatten. Die Methode besteht dann darin, daß bestimmte elementare Reihen ein für allemal berechnet und nun alle übrigen Reihen auf diese reduziert werden. Diese **Elementarreihen** sind hier die **Formantenreihen**, deren tabellarische Zusammenstellung für einen gewissen Zahlenkreis im Anhang gegeben ist.

Mit Hilfe der Formantentabellen kann man offenbar ohne weiteres eine Gleichung von der Form

(1) $$\binom{x}{n} = m$$

lösen. Es geschieht mit Hilfe der Limitation $\binom{x}{n} \leq m < \binom{x+1}{n}$, d. h. indem man die Lage der Zahl m in der Tabelle der Formanten n-ter Ordnung bestimmt.

Mit Hilfe der Lösung einer Gleichung von der Form (1) läßt sich dann wieder jede Gleichung von der Form

(2) $$a\binom{x}{n} = m$$

lösen. Wir gehen dabei aus von der Limitation erster Ordnung

(3) $$a\binom{x}{1} \leq m < a\binom{x+1}{1}.$$

---

[1]) Die Symmetrie, von der hier die Rede ist, ist eine andere als die in Teil I, § 22 behandelte, wo nur von ganzzahligen Reihen die Rede war. Eine ganzzahlige Reihe zweiter Ordnung braucht nicht symmetrisch zu sein, während eine Form zweiter Ordnung, wenn auch gebrochene und irrationale Zahlen zugelassen sind, immer symmetrisch ist, d. h. in gleicher Entfernung rechts und links von einem bestimmten Punkte oder Punktepaare gleiche Glieder besitzt.

Ist deren Lösung x', so bestimmen wir die Lage von x' in der Reihe $\binom{x}{n}$, indem wir die Limitation $\binom{x}{n} \leq x' < \binom{x+1}{n}$ bzw. eine Gleichung von der Form (1) lösen. Ist deren Lösung x'', so folgt unmittelbar

(4) $$a\binom{x''}{r} \leq a\binom{x'}{1} \quad a\binom{x''+1}{r}.$$

Da aber auch $\binom{x''}{n} < x' + 1 \leq \binom{x''+1}{n}$ ist, so ist

(5) $$a\binom{x''}{n} < a\binom{x'+1}{1} \leq a\binom{x''+1}{n}.$$

Aus (3), (4) und (5) aber ergibt sich

$$a\binom{x''}{n} \leq m < a\binom{x''+1}{n}.$$

womit die Gleichung (2) gelöst ist.

Ist die Gleichung (2) von der ersten Ordnung, so ist sie schon mit der Limitation (3) gelöst. Die Lösung dieser setzt eine Tabelle der Vielfachen der natürlichen Zahlenreihe oder das Einmaleins voraus.

Die Gleichung ersten Grades ist also immer lösbar, durch ganze Zahlen, wenn wir uns mit Annäherung begnügen, durch rational gebrochene, wenn Exaktheit verlangt wird. Die Form erster Ordnung läßt sich also auch immer als Schnittform (§ 32) darstellen, und daher auch jede Form zweiter Ordnung als Streckenform, für deren ersten beiden Koeffizienten die für die Schnittform erster Ordnung bestehende Relation auch gilt. Ist also $a\binom{x}{1} + b$ die Schnittform der Differenzreihe der Reihe zweiter Ordnung, so ist

(6) $$a\binom{x}{2} + b\binom{x}{1} - c = 0$$

eine Streckengleichung und es gilt für sie, wenn b positiv $b \leq a$. Dem letzten Posten haben wir negatives Vorzeichen gegeben, weil nur, wenn dieses Glied negativ ist, die Gleichung lösbar ist. Im Spezialfalle $b = a$ reduziert sich (6) auf $a\binom{x+1}{2} - c = 0$ und ist unmittelbar mit Hilfe der Tabelle der Formanten zweiter Ordnung lösbar. Es genügt daher, den Fall $b < a$ zu betrachten. — Um (6) in diesem Falle zu lösen, gehen wir aus von der gekürzten Gleichung $a\binom{x}{2} - c = 0$, die mit der Tabelle lösbar ist. Die Lösung sei die positive Zahl x', die also die Limitation $a\binom{x'}{2} - c < 0 \leq a\binom{x'+1}{2} - c$ erfüllt. Addiert man links die positive Größe $b\binom{x'}{1}$, so sind zwei Fälle möglich:

1. $$a\binom{x'}{2} + b\binom{x'}{1} - c \leq 0$$

2. $$0 < a\binom{x'}{2} + b\binom{x'}{1} - c.$$

Im ersten Falle ist
$$a\binom{x'}{2}+b\binom{x'}{1}-c\leq 0<a\binom{x'+1}{2}+b\binom{x'+1}{1}-c$$
und mit dieser Limitation auch (6) gelöst.

Im zweiten Falle ist, da allgemein

(7) $\quad a\binom{x'-1}{2}+b\binom{x'-1}{1}=a\binom{x'}{2}-(a-b)\binom{x'-1}{1}$,

wegen $a-b>0$,

(8) $\quad a\binom{x'-1}{2}+b\binom{x'-1}{1}<a\binom{x'}{2}$

und darum
$$a\binom{x'-1}{2}+b\binom{x'-1}{1}-c<0<a\binom{x'}{2}+b\binom{x'}{1}-c,$$
also $x'-1$ die Lösung von (6).

In jedem Falle ist also mit der Lösung der gekürzten Gleichung auch die der Gleichung in allgemeiner Form gegeben. Sie ist jener entweder gleich oder um 1 kleiner.

Es sei gleich hieran anschließend bemerkt, daß die Gleichung (7) auch in der allgemeineren Form

(9) $\quad a\binom{x-1}{n}+b\binom{x-1}{n-1}=a\binom{x}{n}-(a-b)\binom{x-1}{n-1}$

gilt, und daher auch jede Gleichung von der Form

(10) $\quad a\binom{x}{n}+b\binom{x}{n-1}+c=0$

in analoger Weise lösbar ist.

Ist nun die Gleichung zweiten Grades immer mit Hilfe der Tabellen lösbar, so ist es auch die Gleichung dritten Grades, denn die Gleichung ihrer Differenzreihe ist lösbar und daher die Schnittform dieser immer herstellbar. Mit deren Hilfe wieder entsteht die Streckengleichung

(11) $\quad a\binom{x}{3}+b\binom{x}{2}+c\binom{x}{1}-d=0$,

für welche, wenn c positiv ist, was immer durch geeignete Transformation erreichbar ist, die Beziehung $a-b+c<0$ gilt. — Um (11) zu lösen, löst man wieder zuerst die gekürzte Gleichung $a\binom{x}{3}+b\binom{x}{2}-d=0$, was nach (9), (10) immer möglich.

Die positive Lösung sei x', also
$$a\binom{x'}{3}+b\binom{x'}{2}-d\leq 0<a\binom{x'+1}{3}+b\binom{x'+1}{2}-d.$$

Addiert man links den positiven Posten $c\binom{x'}{1}$, so ist entweder

1. $\quad a\binom{x'}{3}+b\binom{x'}{2}+c\binom{x'}{1}-d\leq 0$

und dann auch (10) durch x' gelöst, oder es ist

2. $\quad 0<a\binom{x'}{3}+b\binom{x'}{2}+c\binom{x'}{1}-d$.

Da nun allgemein

$$a\left(\frac{x'-1}{3}\right) + b\left(\frac{x'-1}{2}\right) + c\left(\frac{x'-1}{1}\right) = a\left(\frac{x'}{3}\right) + b\left(\frac{x'}{2}\right) - a\left(\frac{x'}{2}\right) - (a-b+c)\left(\frac{x'-1}{1}\right)$$

ist, also da $a - b + c = 0$, wenn a positiv

(12) $\quad a\left(\frac{x'-1}{3}\right) + b\left(\frac{x'-1}{2}\right) + c\left(\frac{x'-1}{1}\right) = a\left(\frac{x'}{3}\right) + b\left(\frac{x'}{2}\right)$,

so wird in diesem Falle Gleichung (11) auch durch $x'-1$ erfüllt.

Die Anwendbarkeit der Methode auf Gleichungen von höherem als drittem Grade hängt nun wie bei den Gleichungen zweiter und dritter Ordnung wesentlich von der Gültigkeit einer (8) und (12) entsprechenden Limitation ab, und diese wieder von dem Vorzeichen der Koeffizienten der Gleichung, aus der die Limitation abgeleitet wird. Diese aber lautet für Gleichungen vierten Grades

$$a\left(\frac{x'-1}{4}\right) + b\left(\frac{x'-1}{3}\right) + c\left(\frac{x'-1}{2}\right) + d\left(\frac{x'-1}{1}\right)$$

$$= a\left(\frac{x'}{4}\right) + b\left(\frac{x'}{3}\right) + c\left(\frac{x'}{2}\right) - a\left(\frac{x'}{3}\right) + (a-b)\left(\frac{x'}{2}\right) - (a-b+c-d)\left(\frac{x'-1}{1}\right).$$

Hierin ist $a - b + c - d = 0$, also der letzte Posten 0 oder negativ, ebenso auch der drittletzte, wenn a positiv ist, dagegen ist das Vorzeichen des vorletzten Postens zweifelhaft. Der Schluß

$$a\left(\frac{x'-1}{4}\right) + b\left(\frac{x'-1}{3}\right) + c\left(\frac{x'-1}{2}\right) + d\left(\frac{x'-1}{1}\right) = a\left(\frac{x'}{4}\right) + b\left(\frac{x'}{3}\right) + c\left(\frac{x'}{2}\right)$$

ist daher nicht allgemein zu ziehen. Ob diese Limitation gilt oder nicht gilt, hängt also vom Wert von $a - b$ ab.

Wir müssen das Problem der Lösung von Gleichungen höherer Grade hier unerledigt lassen und uns einstweilen mit der allgemeinen Methode zur Lösung der Gleichungen zweiten und dritten Grades begnügen.

II. Die Beziehungen der Reihen zueinander.

A. Allgemeines.

§ 38. Die Lage einer Reihe in einer anderen.

Als eine Verallgemeinerung der Aufgabe, die Lage einer Zahl in einer Reihe zu bestimmen, kann man die auffassen, die Lage aller Glieder einer Reihe in einer anderen Reihe festzustellen. Sowie dort die Aufgabe durch Zerlegung der Reihe in Strecken eindeutig gemacht wurde, so wird man auch hier die Reihe in Strecken zerlegen. Doch ist damit nicht genug geschehen. Um das Gesetz der Lage der Glieder einer Reihe in einer anderen Reihe zu erkennen, ist es offenbar notwendig, sie ohne Änderung der Reihenfolge der Glieder der ersten wie der zweiten Reihe aufeinander zu legen. Das aber kann nur geschehen, indem man gleichgerichtete Strecken betrachtet und in diesen von den ihrem absoluten Betrage nach kleinsten Gliedern, also — sofern sie vorhanden — von deren Zeichenwechselstelle oder dem etwaigen Nullglied ausgeht. Diese Stellen legt man zunächst aufeinander, indem man zugleich durch Transformation die dieser Stelle benachbarten Glieder zu Anfangsgliedern der Reihen macht, und läßt nun von hier aus die Glieder beider Reihen ihrer Größe nach aufeinander folgen. Findet in einer der zu vergleichenden Strecken oder in beiden kein Zeichenwechsel statt, so untersucht man, ob das Anfangsglied der einen Strecke in der anderen liegt. Ist es nicht der Fall, so haben die Strecken überhaupt keine ineinanderliegenden Glieder. Im anderen Falle macht man das dem Anfangsglied der einen Strecke in der Größe vorhergehende Glied der anderen Strecke zu deren Anfangsglied und bestimmt nunmehr von hier ausgehend die gegenseitige Lage der Glieder beider Reihen. Die Bestimmung der Richtungswechsel- und Zeichenwechselstellen beider Reihen ist also die Vorbedingung der Legung einer Strecke in die andere.

Soweit es sich nur um ein bloßes Liegen der einen Reihe in der anderen handelt, ist die Beziehung der beiden Reihen zueinander vollkommen reziprok: Liegt die Reihe A in B, so liegt auch B in A. Wir haben die Relation jedoch nicht bloß als ein Ineinanderliegen, sondern vielmehr als ein Messen der einen Reihe durch die andere aufzufassen. In diesem Sinne nennen wir die eine Reihe die messende oder die Modulreihe, die andere die gemessene Reihe oder Mensur. Sind die Formen der beiden Reihenabschnitte gegeben, so erscheint der Term der gemessenen Reihe als der unabhängige und darum regelmäßig, d. h. nach der natürlichen Zahlenreihe, veränderlich. Der Term der Modulreihe dagegen ist der abhängige, sich nach dem ersten richtende, indem er jeweils angibt, wo das Glied der gemessenen Reihe in der Modulreihe liegt. Er bewegt sich daher nicht in der natürlichen Zahlenreihe und überhaupt im allgemeinen nicht in einer arithmetischen oder sonst durch eine einzige Form definierbaren Reihe, und heißt daher der unregelmäßig veränderte Term.

Ist $F(x)$ die Form der gemessenen Reihe und $\Phi(y)$ die der Modulreihe, so ist, wenn (in steigender Strecke) die Limitation

(1) $$\Phi(y') \leq F(x') < \Phi(y'+1)$$

erfüllt ist, die Größe

(2) $$R' = F(x') - \Phi(y')$$

der Rest von $F(x')$ in der Modulreihe und

(3) $$T'' = \Phi(y'+1) - F(x')$$

der Defekt von $F(x')$ in der Modulreihe.

Aus der Limitation (1) ergibt sich

(4) $$0 \leq R' < \varDelta\Phi(y')$$

(5) $$0 < T'' \leq \varDelta\Phi(y'),$$

d. h. Rest und Defekt sind positiv und kleiner als die Differenz der Modulreihe an der Stelle wo das Glied der gemessenen Reihe liegt. Aus (2) und (3) folgt

(6) $$R' + T'' = \varDelta \Phi(y'),$$

d. h. die Summe von Rest und Defekt ist gleich der Differenz der Modulreihe. — Ist die Strecke eine fallende, so ändert sich nichts als das Vorzeichen von Rest, Defekt und Differenz.

Zur gemeinsamen Bezeichnung der Reste und Defekte eignet sich der Ausdruck Distanz.

Betrachten wir nun x und y als veränderlich, aber in allen Veränderungen der Limitation (1) genügend, so ist

$F(x) - \Phi(y)$ die Form der Reihe der Reste,
$\Phi(y) - F(x)$ die Form der Reihe der Defekte.

Kennen wir die Gesetze dieser Reihen oder nur einer von ihnen, da die der anderen daraus unmittelbar folgen, so können wir alle die Lage der Reihe $F(x)$ in $\Phi(y)$ betreffenden Fragen beantworten. Die Gesetze der Restreihen und Defektreihen sind also der eigentliche Inhalt der Theorie der Reihenbeziehungen.

Insbesondere handelt es sich um die Auffindung der kleinsten Glieder dieser Reihen, das sind die Lösungen der Gleichung

(7) $$F(x) - \Phi(y) = 0 \quad \text{oder} \quad F(x) = \Phi(y).$$

Sie sind immer lösbar, wenn man sich mit ditermen Lösungen in y begnügt. Diese bestimmen die Lage derjenigen Glieder von $F(x)$, welche den Gliedern der Modulreihe relativ am nächsten liegen, d. h. näher als die beiden benachbarten Glieder. Meistens werden jedoch nicht bloß annähernde, sondern exakte Lösungen der Gleichung (7) verlangt. Das ist die eigentlich diophantische Aufgabe. Exakte Lösungen sind nun gleichbedeutend mit rationalen Lösungen. Entsprechend den beiden Arten rationaler Zahlen läßt sich aus der diophantischen Aufgabe, welche sich mit rationalen Lösungen irgendwelcher Art begnügt, die spezielle Aufgabe aussondern, ganzzahlige Lösungen zu finden. Mit dieser werden wir uns im folgenden vorwiegend beschäftigen. Viele Sätze, welche zunächst für ganze Zahlen ausgesprochen werden, gelten jedoch zugleich für allgemeine rationale Zahlen oder lassen sich leicht auf solche übertragen.

Die Form der Restreihe $F(x) - \Phi(y)$ läßt sich nun auch als die eines Reihennetzes auffasssn. Die Lösung der Gleichung (7) ist dann gleichbedeutend mit der Bestimmung der Lage des Nullbandes im Netze und die exakte Lösung mit der Bestimmung der Stellen des Nullbandes, in denen die Glieder des Netzes auf einer seiner Grenzlinien liegen. Den Strecken des Nullbandes entsprechen Strecken der beiden ineinandergelegten Reihen.

Es sei bemerkt, daß unsere Definition der Reste und Defekte eine Verallgemeinerung des bisherigen in der Zahlentheorie üblichen Restbegriffes darstellt. Die Defekte sind die absoluten Beträge der negativen Reste. In einem Punkte weichen wir von der

Die Beziehungen der Reihen. 75

üblichen Terminologie aus triftigen Gründen ab: Wir nennen
Reste nicht nur die von 0 verschiedenen Differenzen einer
Zahl von den Gliedern einer Reihe, sondern rechnen auch 0 zu
den Resten.

Um von der Lage zweier Reihen ineinander eine anschauliche
Vorstellung zu geben und zugleich die zweckmäßigste Anordnung
der Reihen, ihrer Reste und Defekte zu zeigen, seien hier einige
Beispiele angefügt. Die Anordnung ist dabei so getroffen, daß
immer Zeile I die Reihe mit den kleineren Differenzen, Zeile II die
Reihe mit den größeren Differenzen bildet. Zwischen den Gliedern
dieser Reihen sind Reste eingeschaltet und zwar die von II in I
in den Lücken der Reihe I, die von I in II in den Lücken der
Reihe II. Die Zeile D endlich enthält die Defekte von I in II,
während die von II in I mit einem Teil der Reste der Zeile II
identisch sind, sowie auch die Reste der ersten Zeile sich wieder
unter den Defekten der Zeile D finden.

1. Die Reihen $4x$ und $13y$ ineinander.

$x =$	0	1	2	3		4	5	6		7	8	9		10	11	12	13
I	0	4	8	12	1	16	20	24	2	28	32	36	3	40	44	48	52
II	0	4	8	12	13	3	7	11	26	2	6	10	39	1	5	9	52
D	0	9	5	1		10	6	2		11	7	3		12	8	4	0
$y =$	0				1				2				3				4

2. Die Reihen $7x$ und $11y$ ineinander.

$x =$	0	1	2	3		4	5	6		7	8	9		10	11
I	0	7	4	14	21	1	28	5	35	42	2	49	6	56	63	3	77	77
II	0	7	11	3	10	22	6	33	2	9	44	5	55	1	8	66	4	77
D	0	4		8	1		5		9	2		6		10	3		7	0
$y =$	0		1		2		3			4		5			6		7

3. Die Reihen $2x+1$ und x^2.

$x =$	0	1	2	3	4	5	6	7		8	9	10	11	12
I	1	3	1	5	7	9	11	13	15	1	17	19	21	23	25
II	1	2	4	1	3	9	2	4	6	16	1	3	5	7	25
D	0	1		4	2	0	5	3	1		8	6	4	2	0
$y =$	1		2		3			4					5		

4. Die Reihen x^2 und $2y^2+1$.

$=$	1	2	3	4		5	6	7		8	9		10	11		12		13	14		15		16	17
	1	2	4	9	16	3	25	8	36	49	2	64	9	81	18	100	121	8	144	19	169	196	5	225	18	256	289
	1	3	1	9	7	19	6	33	3	16	51	13	73	8	99	1	22	129	15	163	6	33	201	24	243	13	289
	0		5	3	8		15	2		9		18		29	8		19		32	5		18		33	0
$=$	0	1	2	3		4		5		6			7			8			9			10		11		12

§ 39. Die Gliederung der Restreihe.

Da in der Restreihe von der Form $F(x) - \Phi(y)$ nur die unabhängige Variable eine arithmetische Reihe durchläuft, nämlich die natürliche Zahlenreihe, während der Term der Modulreihe sich unregelmäßig, sprunghaft verändert, so stellt auch die Restreihe im allgemeinen keine arithmetische Reihe dar. Würde y eine arithmetische Reihe von der Form $\eta(x)$ durchlaufen, und damit zwischen x und y die Relation $y = \eta(x)$ gegeben sein, so wäre die Form der Restreihe $F(x) - \Phi(\eta(x))$ und diese eine arithmetische Reihe. Besteht nun auch eine solche für die ganze Reihe gültige Beziehung zwischen x und y nicht, so kann man doch für jedes Stück der Reihe eine solche Beziehung herstellen. Man kann nämlich beliebige Gruppen aufeinanderfolgender Terme der Modulreihe als Stücke arithmetischer Reihen betrachten und für jede Gruppe die ihr zukommende arithmetische Form mit Hilfe der Differenzen der Glieder der Gruppe bilden (§ 11). Der Bereich jeder Form würde zwar die Gruppe, aus der sie gebildet ist, nicht überschreiten, doch kann man sich in dieser Weise die Reihe der Reste als eine Folge von Stücken arithmetischer Reihen vorstellen, deren jedes seine eigene Form hat.

Bildet man die Gruppen der Terme der Modulreihe rein willkürlich, so ist mit dieser Zerlegung der Restreihe in beliebige Stücke für die Erkenntnis ihres Wesens und ihrer Gesetze nichts gewonnen. An die Stelle einer aus einzelnen Gliedern bestehenden Reihe ist lediglich eine aus Stücken oder Gruppen von Gliedern bestehende getreten. Bildet man jedoch die Gruppen mit Berücksichtigung der besonderen Eigenschaften der Reihe der abhängigen Terme, so kann die Zerlegung der Reihe in Stücke von arithmetischen Reihen bei der Beschreibung der Restreihe und der Erkenntnis ihrer Gesetze gute Dienste leisten.

Der Willkür bei der Bildung der Gruppen kann man zunächst dadurch Schranken ziehen, daß man nur solche Terme zusammenfaßt, welche eine arithmetische Reihe von vorgeschriebener Ordnung bilden. Da nun $n+1$ Glieder unter allen Umständen sich als Stück einer arithmetischen Reihe von höchstens n-ter Ordnung auffassen und in eine entsprechende Form bringen lassen, so hat die Beschränkung auf Reihen von höchstens n-ter Ordnung nur Bedeutung, wenn die zu bildenden Gruppen aus mehr als $n+1$ Gliedern bestehen.

Die praktisch bedeutsamste Schranke ist nun die, daß man die Terme der Modulreihe in Gruppen von zweien und mehr zusammenfaßt, welche unter sich Reihen von 0-ter oder 1. Ordnung bilden. Die Beziehungen zwischen y und x sind dann $y = a$ (d. h. die Negation einer Beziehung) und $y = ax + b$. Die Restreihe $F(x) - \Phi(y)$ ist im ersten Falle eine arithmetische Reihe von derselben Ordnung wie $F(x)$, im zweiten entweder ebenfalls eine von dieser oder von der Ordnung von $\Phi(y)$, wenn nämlich diese Reihe von höherer Ordnung als $F(x)$ ist. — Nun kann man jede beliebige Restreihe in zweigliedrige Gruppen von der Form $F(x) - \Phi(ax+b)$ zerlegen. Von Bedeutung ist aber eben deshalb die Zerlegung erst, wenn in der Regel Gruppen von mindestens drei Gliedern sich bilden lassen. Erst dann kann man von einem besonderen Gesetz sprechen, das die Reihe beherrscht. Ebenso müssen sich von der Form $F(x) - \Phi(a)$ mindestens zweigliedrige Gruppen bilden lassen, wenn sich ein Gesetz der Reihe darin aussprechen soll.

Es steht also a priori keineswegs fest, daß man jede Restreihe in Stücke dieser Art zerlegen kann und tatsächlich widerstehen viele Reihen dieser Zerlegung. Für große und wichtige Reihenkategorien ist jedoch diese Zerlegbarkeit ein wichtiges Merkmal und ein bedeutsames Hilfsmittel ihrer Diskussion.[1] **Es sind insbesondere alle diejenigen Restreihen, deren gemessene Reihe und Modulreihe von gleicher Ordnung ist. Wir nennen diese Reihen gestaffelt,** indem wir jedes Stück der Reihe, das eine arithmetische Reihe der beschriebenen Art bildet, eine **Staffel** nennen, und zwar soll eine von der Form
$F(x) - \Phi(a)$ **Staffel bei stehendem oder stationärem Term**, von der Form
$F(x) - \Phi(ax+b)$ **Staffel bei fortschreitendem oder progressivem Term** heißen.

Da mit dem Übergang von einer Staffel zur anderen die Form der Reihe sich unvermittelt ändert, indem a bzw. a und b andere Werte annehmen, das Gesetz der Restreihe hier also plötzlich eine Änderung erfährt, worin eben die **Unregelmäßigkeit der Restreihe** besteht, so nennen wir die Veränderungen an den Grenzen der Staffeln **Verwerfungen** der Reihe.

Ein Merkmal der stationären Staffeln ist, daß ihre Glieder kleiner sind als der Unterschied der Differenz der Modulreihe und der gemessenen Reihe. Ist also $R' = F(x') - \Phi(y')$ ein Rest einer stationären Staffel, so ist $R' < \Delta\Phi(y') - \Delta F(x')$. Der folgende Rest ist dann $R'' = F(x') + \Delta F(x') - \Phi(y')$; es bleibt y' also ungeändert. Denn es ist $F(x') - \Phi(y') < \Delta\Phi(y')$ und daher $F(x') + \Delta F(x') - \Phi(y') = R' + \Delta F(x') < \Delta\Phi(y')$, also R'' auch ein Rest.

§ 40. Die Vertauschung der Rollen der Reihen.

Machen wir in der Reihengleichung die Modulreihe zur gemessenen, die gemessene zur Modulreihe, so nennen wir diese Operation eine **Vertauschung der Rollen der Reihen**. Der Term der Modulreihe wird also zum unabhängigen, der Term der gemessenen Reihe zum abhängigen Term. Um dieses in der Form zum Ausdruck bringen zu können, wollen wir hier und überall, wo es erforderlich erscheinen sollte, den unabhängigen Term durch ein Anführungszeichen kenntlich machen. Ist also $F(,,x^{\prime\prime}) - \Phi(y)$ die Form der Restreihe von $F(,,x^{\prime\prime})$ in $\Phi(y)$, so ist $F(x) - \Phi(,,y^{\prime\prime})$ die

---

[1] Beispiele siehe im vorigen Paragraphen sowie unten in § 60.

Form der Reihe, welche aus jener durch Rollentausch hervorgeht. Wir nennen die eine Reihe die Volute oder Volte der anderen.

Es ergibt sich unmittelbar, daß die Volte einer Restreihe eine Defektreihe ist und umgekehrt. Eine Reihe und ihre Volte haben nun immer gemeinsame Glieder. Im allgemeinen hat die Reihe Glieder, welche ihre Volte nicht hat, und zugleich diese Glieder, welche jene nicht hat. Wir können jedoch immer die Reihe so in Teile zerlegen, daß innerhalb jedes Teiles entweder die Volte der Reihe oder die Reihe der Volte vollständig subsumiert ist, oder in welchem entweder

1. $F(x) - \Phi(„y") \lessgtr F(„x") - \Phi(y)$, oder
2. $F(„x") - \Phi(y) \lessgtr F(x) - \Phi(„y")$ ist.[1]

Durch den Rollentausch wird im ersten Falle die Anzahl der Glieder nicht vermehrt, d. h. sie wird vermindert oder bleibt sich gleich, im zweiten Falle wird sie nicht vermindert, d. h. sie wird vermehrt oder bleibt sich gleich. Es gibt also auch Stücke der Reihen, deren Gliederzahl beim Rollentausch unverändert bleibt. Es sind die progressiven Staffeln. Man kann sie beiden Arten von Reihenteilen zuzählen. Was geschehen soll, ist im einzelnen Falle festzustellen.

Es gibt auch Reihen, die ihrem ganzen Verlaufe nach in eine der beiden Kategorien gehören.

Es muß ausdrücklich hervorgehoben werden, daß die hier besprochenen Eigenschaften der Reihen von der Wahl des Terms der Modulreihe in später darzulegender Weise abhängen.

§ 41. Die allgemeine Form der algebraischen Reihengleichungen.

Sind, wie wir im folgenden immer annehmen wollen, die Reihen $F(x)$ und $\Phi(y)$ arithmetische, so ist die Reihengleichung $F(x) - \Phi(y) = 0$ eine algebraische. Die algebraischen Reihengleichungen teilen wir nun ein nach der Ordnung ihrer Reihen, und zwar heißt eine Gleichung, deren gemessene Reihe m-ter und deren Modulreihe n-ter Ordnung ist, eine Reihengleichung m-ten Grades n-ter Ordnung.

Den beiden arithmetischen Reihen können wir nun immer die Formen
$$F(x) = f(x) + k_1 \quad \text{und} \quad \Phi(y) = \varphi(y) + k_2$$
geben. Sind, wie wir allgemein annehmen dürfen, $F(x)$ und $\Phi(y)$ Schnittgleichungen und zwar, wie wir insbesondere annehmen wollen, in steigenden Reihen, so sind k_1 und k_2 kleinste positive Glieder der Reihen und $k_1 = \Delta f(0)$, $k_2 = \Delta \varphi(0)$. Die Reihengleichung erhält nun die Form $f(x) - \varphi(y) = k_2 - k_1$, wo $k_2 - k_1 \lessgtr k_2$. Den ab-

---

[1] Vgl. wegen des Begriffs und der Bezeichnung der Subsumtion: E. Schröder, Vorlesungen über die Algebra der Logik. Bd. I. Leipzig 1890, oder E. Müller (Schröder), Abriß der Algebra der Logik. I. Teil. Leipzig und Berlin 1909.

soluten Betrag $k_2 - k_1$ wollen wir mit k bezeichnen. Ist nun $k_2 - k_1 > 0$, so nimmt die Reihengleichung die Form
(1) $$f(x) - \varphi(y) = k,$$
ist $k_2 - k_1 < 0$, die Form
(2) $$\varphi(y) - f(x) = k$$
an. Im ersten Falle stellt die linke Seite $f(x) - \varphi(y)$ die Reihe der Reste von $f(x)$ in $\varphi(y)$ im zweiten Falle $\varphi(y) - f(x)$ die Reihe der Defekte von $f(x)$ in $\varphi(y)$ dar. In beiden Fällen ist $k = \varDelta\varphi(0)$ also selbst ein Rest oder Defekt der Reihe.

Findet sich nun in der Restreihe $f(x) - \varphi(y)$ der Rest k, so ist die Gleichung (1), oder findet sich in der Defektreihe $\varphi(y) - f(x)$ der Defekt k, so ist die Gleichung (2) lösbar. Andernfalls sind die betreffenden Gleichungen unlösbar.

Die Bildung der Restreihe sowie der Defektreihe beginnt nun regelmäßig mit der Lösung der Gleichung
(3) $$f(x) - \varphi(y) = 0,$$
welche wir die **Nullgleichung der Restreihe oder der Defektreihe** nennen. Ihre Lösungen sind die Nullglieder dieser Reihen. — Da nun das erste Glied beider Reihen $f(0)$ und $\varphi(0)$ gleich 0 ist, gibt es immer eine Lösung der Nullgleichung ganz unabhängig von den Formen $f(x)$ und $\varphi(y)$, nämlich $x = 0$, $y = 0$. Wir nennen sie die selbstverständliche Lösung der Nullgleichung. Es handelt sich daher immer nur um die Auffindung von den von 0 verschiedenen Lösungen der Gleichung (3).

Die hier angenommene allgemeine Form schließt nicht aus, daß in besonderen Fällen die gemessene Reihe $f(x)$ keine Nullgliedreihe ist, sondern einen unveränderlichen Posten enthält. Die Modulreihe dagegen wird unter allen Umständen eine Nullgliedreihe sein.

Ist die Reihengleichung von der ersten Ordnung, so hat sie die Form
(4) $$f(x) - Ay = k.\text{[1]}$$

Genügen ihr zwei Terme x' und x'', so bedeutet dieses, daß beide Glieder, $f(x')$ und $f(x'')$, der gemessenen Reihe in der Modulreihe den Rest k haben. Wir nennen sie deshalb **gleichrestig oder kongruent in bezug auf die Modulreihe** bzw. deren Konstante A, welche auch kurz der **Modul der Reihe** genannt wird. Aus
$$f(x') - Ay' = k \quad \text{und} \quad f(x'') - Ay'' = k$$
folgt nun
(5) $$f(x') - f(x'') = A(y' - y''),$$
d. h. die Differenz zweier kongruenter Glieder einer Reihe ist immer ein Vielfaches des Moduls. Da auch umgekehrt

---

[1]) Wir betrachten in der Regel nur die Restgleichung, da die entsprechenden Sätze für die Defektgleichung sich analog sehr einfach ergeben.

aus (5) immer die Kongruenz von $f(x')$ und $f(x'')$ folgt, so kann man die Gleichung (5) auch als Definition der Kongruenz betrachten.

Wegen dieser Beziehungen pflegt man die Reihengleichungen erster Ordnung auch kurz **Kongruenzen** zu nennen, und zwar niedere oder gewöhnliche Kongruenzen, wenn sie zugleich ersten Grades, höhere, wenn sie höheren Grades sind. Wenn wir hier von der Berechnungsweise und Terminologie der weit ausgebildeten Lehre von den Kongruenzen keinen Gebrauch machen, sondern auch die Reihengleichungen erster Ordnung immer als Gleichungen schreiben und behandeln, so geschieht es wegen der Analogie mit den Reihengleichungen höherer Ordnung, bei denen es eine den Kongruenzen entsprechende Darstellungsweise keine besonderen Vorteile bietet. An sich wäre auch hier nichts im Wege, in gleicher Weise wie bei denen erster Ordnung Kongruenzen zu definieren, nur wäre der Modul dann keine konstante Zahl, sondern eben eine **Modulreihe**. Die Gleichung (1) würde dann die Form

$$f(u) \equiv f(v) \bmod q(y)$$

annehmen. Eine derartige Kongruenz wäre dann als eine **Kongruenz höherer Ordnung** zu bezeichnen, während die sogenannten höheren Kongruenzen solche höheren Grades erster Ordnung wären. Die zweite Definition der Kongruenzen erster Ordnung ist natürlich auf die höhere Ordnung nicht übertragbar.

B. Reihengleichungen erster Ordnung.

1. Allgemeine Reihengleichungen erster Ordnung.

§ 42. Die Lösung der Gleichungen mit Hilfe ihrer Teilgleichungen.

Die allgemeine Form einer Reihengleichung erster Ordnung ist, je nachdem man als Form der gemessenen Reihe die eines Polynoms oder eines Polyforms wählt

(1) $\qquad a x^n + b x^{n-1} + c x^{n-2} + \ldots + h x - A y = k$

(2) $\qquad a'\binom{x}{n} + b'\binom{x}{n-1} + c'\binom{x}{n-2} + \ldots + h'\binom{x}{1} - A y = k.$

Die linken Seiten stellen die **Formen der Restreihe** dar. Welche von beiden man im besonderen Falle wählt, hängt von der zu lösenden Aufgabe ab, da je nachdem bald die eine, bald die andere Form sich besser eignet.

Da die Differenz der Modulreihe, $\mathsf{1} y A = A$, konstant ist, sind sämtliche Reste kleiner als der Modul A.

Die Nullgleichungen von (1) und (2) sind:

(3) $\qquad a x^n + b x^{n-1} + c x^{n-2} + \ldots + h x - A y = 0$

(4) $\qquad a'\binom{x}{n} + b'\binom{x}{n-1} + c'\binom{x}{n-2} + \ldots + h'\binom{x}{1} - A y = 0.$

Um Lösungen dieser Gleichung zu finden, zerlegen wir sie in die Teilgleichungen.

(5) $ax^n - Ay = 0,\ bx^{n-1} - Ay = 0,\ cx^{n-2} - Ay = 0,\ \ldots,\ hx - Ay = 0$

(6) $a'\left(\frac{x}{n}\right) - Ay = 0,\ b'\left(\frac{x}{n-1}\right) - Ay = 0,\ c'\left(\frac{x}{n-2}\right) - Ay = 0,\ \ldots,\ h'\left(\frac{x}{1}\right) - Ay = 0$.

Jede gemeinsame Lösung sämtlicher Teilgleichungen ist nun eine Lösung der Gesamtgleichung. Denn eine Nullgleichung lösen bedeutet dasselbe wie diejenigen Glieder der gemessenen Reihe finden, welche durch den Modul A teilbar sind. Sind aber alle Posten einer Summe durch A teilbar, so ist es offenbar auch die Summe.

Die gemeinsamen Lösungen aller Teilgleichungen ergeben sich aber aus den Lösungen der einzelnen Gleichungen folgendermaßen: Kennt man eine Lösung einer Teilgleichung, so ist jedes Vielfache dieser Lösung auch eine Lösung. Ist also eine Lösung jeder Teilgleichung bekannt, so ist jedes gemeinsame Vielfache der Lösungen eine Lösung der Gesamtgleichung.

Man erhält offenbar am meisten Lösungen der Gesamtgleichung, je kleiner die Lösungen der Einzelgleichungen sind. Daher sind die kleinsten Lösungen dieser zu suchen.

Während alle gemeinsamen Lösungen der Teilgleichungen auch Lösungen der Gesamtgleichungen sind, gilt nicht umgekehrt, daß auch alle Lösungen der Gesamtgleichung auch gemeinsame Lösungen der Teilgleichungen sind. Wir teilen daher die Lösungen der Gesamtgleichung in solche, welche zugleich alle Teilgleichungen lösen, und solche, welche es nicht tun. Erstere nennen wir die ordentlichen oder regulären, letztere die außerordentlichen oder irregulären Lösungen der Gleichung.

§ 43. Die Lösung der Teilgleichungen.

1. Die allgemeine Form einer polynomischen Teilgleichung ist

(1) $\qquad ax^n - Ay = 0.$

Haben die Koeffizienten gemeinsame Faktoren, so kann man sie durch Division durch den größten derselben $\varkappa$ reduzieren auf

(2) $\qquad \alpha x^n - Ay = 0,$

wo α und A prim zueinander sind. Die Lösungen dieser Gleichung aber sind unabhängig vom Wert von α und daher identisch mit denen der Gleichung

(3) $\qquad x^n - Ay = 0.$

Die Lösungen von dieser sind, abgesehen von der selbstverständlichen Lösung $x = 0,\ y = 0$, gleichbedeutend mit den Zahlen, deren n-te Potenz den Teiler A hat. Wir erhalten sie, indem wir A in seine Primfaktoren zerlegen. Sei

$$A = a_1^\lambda \cdot a_2^\mu \ldots a_\varrho^\sigma.$$

Ist nun
$$(\lambda'-1)n < \lambda \leq \lambda'n,\ (\mu'-1)n < \mu \leq \mu'n,\ \ldots,\ (\sigma'-1)n < \sigma \leq \sigma'n,$$
so ist
(4) $$x' = a_1^{\lambda'} \cdot a_2^{\mu'} \ldots a_\varrho^{\sigma'}$$
die kleinste Lösung von (2) und (3). Die allgemeine Lösung ist jedes Vielfache von x', also $x'v$, wenn v eine beliebige ganze Zahl darstellt.

Die Lösungen von (1) aber erhält man aus (4), indem man sie außer mit v noch mit $\varkappa$, dem größten gemeinsamen Faktor von a und A multipliziert. Sie sind also enthalten in
(5) $$x = \varkappa \cdot a_1^{\lambda'} \cdot a_2^{\mu'} \ldots a_\varrho^{\sigma'} \cdot v.$$

2. Die polyforme Gleichung zerfällt nun ähnlich in Teilgleichungen von der Form
(6) $$a\binom{x}{n} - Ay = 0,$$
die sich ebenso wie (1) auf
(7) $$\alpha\binom{x}{n} - Ay = 0,$$
wo α prim zu A, und auf
(8) $$\binom{x}{n} - Ay = 0$$
reduzieren lassen.

Diese Formantengleichung unterscheidet sich bezüglich ihrer Lösungen von der entsprechenden Potenzgleichung dadurch, daß sie n selbstverständliche Lösungen hat, nämlich $x = 0, 1, 2, 3, \ldots, n-1$, $y = 0$. Es wird nun zu zeigen sein, daß sämtliche Lösungen Gruppen von n aufeinanderfolgenden Werten des unabhängigen Terms bilden. Da die von den selbstverständlichen Lösungen verschiedenen Lösungen von (8) identisch sind mit den Termen, deren n-te Formante durch A teilbar ist, so ist das Problem der Lösung offenbar gleichbedeutend mit der Untersuchung der Teilbarkeit der Formanten, der wir uns daher zuwenden.

Von den Gruppenlösungen unabhängig lassen sich immer zwei Lösungen von (8) angeben.

Da nämlich $\binom{x}{n} = \frac{x}{n}\binom{x-1}{n-1} = \binom{x}{n-1}\frac{x-n+1}{n}$, so sind $x = nA$ und $x - n + 1 = nA$ oder $x = n(A+1) - 1$ immer Lösungen der Gleichung.

§ 44. Die Teilbarkeit der Formanten.

Aus der Gleichung $\frac{m(m-1)(m-2)\ldots(m-n+1)}{1 \cdot 2 \cdot 3 \ldots n} = \binom{m}{n}$, welche in § 5 bewiesen wurde, folgt, daß das Produkt aus n beliebigen aufeinanderfolgenden Zahlen der natürlichen Zahlenreihe oder einer n-Sequenz, wie wir ein solches Reihenstück kurz bezeichnen wollen, immer teilbar ist durch das Produkt der ersten n Zahlen der natürlichen Zahlenreihe, der ersten n-Sequenz, oder durch n-Fakultät.

Jede n-Sequenz besteht aus n Zahlen, deren Reste in der Modulreihe ny verschieden sind, oder stellt, wie es sonst ausgedrückt zu werden pflegt, ein System nach dem Modul n inkongruenter Zahlen dar. Nennen wir nun r irgendeine Zahl der ersten n-Sequenz, so befindet sich in jeder n-Sequenz mindestens eine durch r teilbare Zahl. Die Anzahl der durch r teilbaren Zahlen in der Sequenz hängt ab von der Lösung der Limitation

(1) $$\xi r \leq n < (\xi + 1)r$$

nach ξ. Da $r < n$, so ist $\xi \geq 1$. Die Anzahl der in der n-Sequenz durch r teilbaren Zahlen ist mindestens ξ und höchstens $\xi + 1$.
— Ist r ein Teiler von n, also die Gleichung

(2) $$\xi r = n$$

exakt lösbar, so ist die Anzahl der durch r teilbaren Zahlen gleich ξ. — Es befindet sich also in einer n-Sequenz immer nur eine durch n teilbare Zahl. Ist $\xi = 1$, also $r \leq n < 2r$, so gehört r zu den größeren Zahlen oder der oberen Hälfte der ersten n-Sequenz. Eine dieser Zahlen ist höchstens Teiler von zwei Zahlen einer Sequenz. Ist dagegen $\xi > 1$, so gehört r zu den kleineren Zahlen oder der unteren Hälfte der ersten Sequenz. Diese Zahlen sind Teiler von mindestens zwei Zahlen jeder Sequenz, insbesondere sind sie auch immer Teiler von Zahlen der oberen Hälfte. Diese sind niemals Teiler voneinander.

Wir betrachten nunmehr alle Zahlen der natürlichen Zahlenreihe unter dem Gesichtspunkt ihrer Teilbarkeit oder Nichtteilbarkeit durch Zahlen der ersten n-Sequenz. Jede Aussage über die Teilbarkeit oder Nichtteilbarkeit einer Zahl durch Zahlen der Sequenz definiert einen Zahlentyp, wobei der Aussage nur die Beschränkung aufzuerlegen ist, daß die in ihr vorkommenden Zahlen einander ausschließen, d. h. prim zueinander sein müssen. Die Definition des Zahlentyps kann in einer einfachen positiven oder negativen Aussage über die Zahlen des Typs bestehen, wie: Die Zahlen sind durch r_1 teilbar, oder: Sie sind durch r_2 nicht teilbar. Im allgemeinen ist sie ein zusammengesetztes Urteil von der Form: Die Zahlen des Typs sind durch r_1 und r_2 und r_3 teilbar, dagegen durch r_4 und r_5 und r_6 nicht teilbar. Es besteht aus Elementarurteilen der ersten Art. Bezeichnen wir das positive Elementarurteil: Die Zahl ist durch r_ϱ teilbar, durch (r_ϱ), dagegen das negative Urteil: Die Zahl ist durch r_a nicht teilbar, durch (r_a), so läßt sich die Definition jedes Typs durch die Aneinanderreihung solcher Klammergrößen schreiben, die zugleich den Typ bezeichnet. Alle ganzen Zahlen als Type der Zahlen der n-Sequenz betrachtet, nennen wir das n-System der Zahlen.

Es sei nun N das kleinste gemeinsame Vielfache der Zahlen der n-Sequenz. Es sind dann unter je N aufeinanderfolgenden Zahlen der natürlichen Zahlenreihe oder in jeder N-Sequenz $\dfrac{N}{r_\varrho}$ durch r_ϱ teilbare Zahlen oder Zahlen vom Typ (r_ϱ).

Sind r_ϱ und r_σ zwei zueinander prime Zahlen der n-Sequenz, so sind in jeder N-Sequenz $\frac{N}{r_\varrho r_\sigma}$ durch das Produkt $r_\varrho r_\sigma$ oder sowohl durch r_ϱ als durch r_σ teilbare Zahlen, oder Zahlen vom Typ $(v_\varrho)(v_\sigma)$. Allgemein finden sich in jeder N-Sequenz $N \cdot \frac{1}{r_\varrho} \cdot \frac{1}{r_\sigma} \cdots \frac{1}{r_\tau}$ Zahlen vom Typ $(v_\varrho)(v_\sigma) \ldots (v_\tau)$. — Anderseits befinden sich in jeder N-Sequenz $N - N \cdot \frac{1}{r_\varrho} = N\left(1 - \frac{1}{r_\varrho}\right)$ durch r_ϱ nicht teilbare Zahlen oder solche vom Typ $(\bar{v}_\varrho)$. Unter den $N \cdot \frac{1}{r_\varrho}$ durch r_ϱ teilbare Zahlen finden sich nun $N \cdot \frac{1}{r_\varrho} \cdot \frac{1}{r_\sigma}$ sowohl durch r_ϱ als durch r_σ teilbare Zahlen, also finden sich in jeder N-Sequenz $N \frac{1}{r_\varrho}\left(1 - \frac{1}{r_\sigma}\right)$ Zahlen, welche nur durch r_ϱ, nicht aber zugleich durch r_σ teilbar, also von Typ $(v_\varrho)(\bar{v}_\sigma)$ sind. Daher ist die Anzahl aller Zahlen einer N-Sequenz, die weder durch r_ϱ noch durch r_σ teilbar oder vom Typ $(\bar{v}_\varrho)(\bar{v}_\sigma)$ sind, gleich

$$N\left(1 - \frac{1}{r_\varrho}\right) - N \frac{1}{r_\varrho}\left(1 - \frac{1}{r_\sigma}\right) = N \cdot \left(1 - \frac{1}{r_\varrho}\right)\left(1 - \frac{1}{r_\sigma}\right).$$

Sowie die Faktoren von der Form $\frac{1}{r}$ dem bejahenden Urteil in der Definition des Typs entsprachen, so entsprechen Faktoren von der Form $1 - \frac{1}{r}$ dem verneinenden Urteil in der Definition. Wir können daher für jeden Typ die Anzahl ihrer Vertreter in jeder N-Sequenz oder deren typische Zahl ohne weiteres hinschreiben. So ist die Zahl des Typs $(v_\alpha)(v_\lambda) \ldots (v_\mu) \cdot (\bar{v}_\varrho)(\bar{v}_\sigma) \ldots (\bar{v}_\tau)$ gleich $N \cdot \frac{1}{r_\alpha} \cdot \frac{1}{r_\lambda} \cdots \frac{1}{r_\mu}\left(1 - \frac{1}{r_\varrho}\right)\left(1 - \frac{1}{r_\sigma}\right) \cdots \left(1 - \frac{1}{r_\tau}\right)$. Sind $\alpha, \beta, \gamma, \ldots, \lambda$ die Primzahlen der n-Sequenz, so bedeutet $(\bar{\alpha})(\bar{\beta})(\bar{\gamma}) \ldots (\bar{\lambda})$ den Typ der durch keine Zahl der n-Sequenz teilbaren Zahlen. Sie sind also prim zu sämtlichen anderen Zahlen des n-Systems und wir nennen sie daher die relativen Primzahlen des n-Systems. Ihre Anzahl ist $N\left(1 - \frac{1}{\alpha}\right)\left(1 - \frac{1}{\beta}\right)\left(1 - \frac{1}{\gamma}\right) \cdots \left(1 - \frac{1}{\lambda}\right)$. Es ist die Zahl, welche Gauß mit $\varphi(N)$ bezeichnete, die also eine der typischen Zahlen des n-Systems ist.

Ist nun a eine Zahl des n-Systems von einem bestimmten Typ, so ist jede Zahl von der Form $a + vN$ von demselben Typ. Denn hat a die Faktoren $\alpha, \beta, \ldots, \delta$ aus der n-Sequenz, so hat auch $a + vN$ dieselben Faktoren, da N alle Faktoren der N-Sequenz hat; und hat a die Faktoren $\alpha', \beta', \ldots, \delta'$ nicht, so hat auch $a + vN$ diese Faktoren nicht, denn hätte diese Zahl die Faktoren, wäre also gleich eine Zahl b mit den Faktoren $\alpha', \beta', \ldots, \delta'$, so hätte $b - vN = a$ ebenfalls diese Faktoren, was gegen die Voraussetzung ist. — Die Zahl N ist also die Periode des Systems.

Es folgt daraus, daß jede N-Sequenz Zahlen aller möglichen Type des n-Systems enthalten muß; denn besitzt eine N-Sequenz einen Typ, so müssen ihn alle haben. Kennen wir daher die Zahlen eines Typs in der ersten N-Sequenz, so kennen wir ihre allgemeinen Formen. Insbesondere, kennen wir die relativen Primzahlen der ersten Sequenz eines Systems, so können wir die Formen aller relativen Primzahlen des Systems angeben. Als erste Periode des Systems betrachten wir dabei entweder die mit der Zahl $n+1$ beginnende, oder wir rechnen 1 zu den Primzahlen aller Systeme und beginnen mit 1. Wir können hiernach alle Zahlen des natürlichen Zahlensystems in jedem n-System klassifizieren in Primzahlen und Nichtprimzahlen der verschiedenen Type. Diese Klassifikation sei hier für die einfachsten n-Systeme durchgeführt.

1. Das 2-System hat die Periode 2. In jeder Sequenz findet sich nur eine Primzahl. Da die der ersten Sequenz 3 bzw. 1 ist, so ist die Form der Primzahlen dieses Systems $2v+3$ bzw. $2v+1$, die der Nichtprimzahlen $2v$.

2. Das 3-System hat die Periode 6. In jeder Sequenz finden sich 2 Primzahlen. Die der ersten sind 5 und 7 bzw. 1 und darum die Form der Primzahlen $6v+1$, $6v+5$, die der Nichtprimzahlen $6v$, $6v+2$, $6v+3$, $6v+4$.

3. Das 4-System hat die Periode 12 und in jeder Sequenz 4 Primzahlen. Die der ersten sind 5, 7, 11, 13 bzw. 1, die Formen der Primzahlen sind also $12v+1$, $12v+5$, $12v+7$, $12v+11$, die der Nichtprimzahlen $12v$, $12v+2$, $12v+3$, $12v+4$, $12v+6$, $12v+8$, $12v+9$, $12v+10$.

4. Das 5-System mit der Periode 60 hat in jeder Sequenz 16 Primzahlen. Die der ersten sind: 7, 11, 13, 19, 23, 29, 31, 37, 41, 43, 47, 49, 53, 59, 61 bzw. 1, woraus sich die Formen der Primzahlen und Nichtprimzahlen des Systems ergeben. — Es sei bemerkt, daß alle Primzahlen der ersten Sequenz des 5-Systems bis auf die eine 49 zugleich absolute Primzahlen sind.

Die Formen der Zahlen eines Systems heißen die typischen Formen des Systems.

Die relativen Primzahlen jedes Systems enthalten auch die absoluten Primzahlen. Diese sind jenen subsumiert. Je höher die Grundzahl des Systems gewählt wird, desto größer ist der Anteil der absoluten Primzahlen an den Primzahlen des Systems. Die Primzahlen eines Systems stellen daher eine Annäherung an die absoluten Primzahlen dar, die um so größer ist, je größer die Grundzahl ist. Der Anteil der absoluten Primzahlen ist größer unter den höheren als unter den niederen Sequenzen. Die absoluten Primzahlen lassen sich betrachten als die Primzahlen des ∞-Systems. Sie haben also die Periode ∞, d. h. im Endlichen überhaupt keine Periode.

In dem Produkt der ersten n-Sequenz oder in $n!$ kommen alle Zahlen der Sequenz als Faktoren nur so oft vor, als dem Minimum ihres Vorkommens in einer Sequenz entspricht. Kommt also r in einer Sequenz im allgemeinen λ oder $\lambda+1$ mal vor, so kommt es in der ersten Sequenz nur λ mal vor. Das ist der Grund der bekannten Tatsache, daß das Produkt einer beliebigen n-Sequenz durch $n!$ teilbar oder eine Zahl vom Typ $n!$ im n-System ist. Der Quotient einer n-Sequenz durch $n!$ ist eben eine **Formante**.

Die Teiler einer Formante lassen sich nun in folgender Weise aus den einzelnen Faktoren des Zählers ermitteln. Es sei m ein Faktor des Zählers und zwar der $\lambda+1$-te. Der Zähler hat demnach, wenn wir eine B-Formante betrachten, die Form

$$(m-\lambda)(m-\lambda+1) \ldots (m-1)\, m\, (m+1) \ldots (m+n-\lambda-1).$$

Die Formante läßt sich daher schreiben:

$$\left[\frac{m-\lambda}{\lambda}\right] \cdot \frac{m}{r} \cdot \left[\frac{m+1}{n-\lambda-1}\right], \quad \text{wo} \quad r = \frac{n!}{\lambda!\,(n-\lambda-1)!}.$$

Im allgemeinen ist nun $\frac{m}{r}$ ein echter Bruch. Kürzen wir ihn, indem wir Zähler und Nenner durch den größten gemeinsamen Faktor von m und r dividieren, so nimmt er die Form $\frac{\mu}{\varrho}$ an, wo ϱ prim zu μ. Da die Formante für jeden Wert von m eine ganze Zahl ist, muß also ϱ in den übrigen beiden Faktoren der Formante aufgehen und es ist also μ ein Faktor der Formante.

Betrachten wir nun mit $\binom{m}{n}$ beginnend n aufeinanderfolgende Formanten, so hat m in jedem der Zähler eine andere Stellung. λ durchläuft die Reihe von 0 bis $n-1$. Jedem Wert von λ entsprechend hat r einen anderen Wert. Es durchläuft die symmetrische Reihe

$$\frac{n!}{(n-1)!}, \quad \frac{n!}{(n-2)!}, \quad \frac{n!}{2!\,(n-3)!}, \quad \frac{n!}{3!\,(n-4)!}, \quad \ldots, \quad \frac{n!}{(n-1)!},$$

deren mittleren Glieder die größten sind.

Um nun den allen n Formanten gemeinsamen Faktor zu erhalten, bilden wir das kleinste gemeinsame Vielfache aller r, das mit N identisch ist. An Stelle des Bruches $\frac{m}{r}$ tritt dann $\frac{m}{N}$. Ist dessen kürzeste Form $\frac{\mu'}{\varrho'}$, so ist μ' der gesuchte gemeinsame Faktor der n Formanten von $\binom{m}{n}$ bis $\binom{m+n-1}{n}$.

Ist nun umgekehrt μ' gegeben, so ergibt sich m aus der Gleichung $\frac{m}{N} = \frac{\mu'}{\varrho'}$. Hierin ist ϱ' der zu μ' prime Faktor von N. Es wird also der Term m gebildet, indem man den gegebenen gemeinsamen Faktor der Formanten μ' mit $\frac{N}{\varrho'}$ multipliziert. Im allgemeinen ist $\varrho' < N$ also m ein Vielfaches von μ'. Ist jedoch μ' eine relative Primzahl des n-Systems, so ist $\varrho' = N$ und $m = \mu'$.

Dabei sei bemerkt, daß die absoluten Primzahlen, welche kleiner als n sind, nicht zu den relativen Primzahlen des Systems gehören. Da in diesem Falle ϱ' das Produkt aller von μ' verschiedenen Primzahlen von N bedeutet, so ist $\frac{N}{\varrho'}$ eine Potenz von μ' und daher auch m eine solche Potenz. Ist μ' eine Zahl, welche nur Faktoren von N enthält, so ist $\varrho' = 1$ und $m = N \cdot \mu'$.

Ist m der erste Term einer Gruppe von n durch die Zahl μ' teilbarer Formanten n-ter Ordnung, so ist jedes Vielfache von m offenbar ebenfalls ein erster Term einer Gruppe von durch μ' teilbaren Zahlen. Es gibt also unendlich viele Gruppen durch eine beliebige Zahl teilbarer Zahlen in jeder Formantenreihe. Ihre Periode ist m. Die allgemeine Form der Terme einer Gruppe ist

$$mv, \quad mv+1, \quad mv+2, \quad \ldots, \quad mv+n-1.$$

Können wir aber in jeder Formantenreihe die durch eine gegebene Zahl teilbaren Formanten bestimmen, so können wir auch die Gleichung (8) in § 43

(8) $$\binom{x}{n} - Ay = 0$$

lösen, deren Lösungen eben die Terme der durch A teilbaren Formanten n-ter Ordnung sind, und damit ist auch die allgemeine Teilgleichung (6) gelöst.

Die Perioden der Lösungen sind

Ordnung der Formanten N	Modul $A =$	2	3	4	5	6	7	8	9	10	11	12
2	2	$m_2 =$	4	3	8	5	12	7	16	9	20	11	24
3	6	$m_3 =$	4	9	8	5	36	7	16	27	20	11	72
4	12	$m_4 =$	8	9	16	5	72	7	32	27	40	11	144
5	60	$m_5 =$	8	9	16	25	72	7	32	27	200	11	720
6	60	$m_6 =$	8	9	16	25	72	7	32	27	200	11	720

Ist $x = \lambda A$ eine Lösung von (8), so hat auch jede Gleichung, deren gemessene Reihe eine Formante niedrigerer Ordnung ist, dieselbe Lösung. Denn entweder bleiben bei Verkleinerung von n N und ϱ' ungeändert, oder es ändern sich beide um denselben Faktor, oder es ändert sich allein N, nicht aber ϱ'. In keinem Falle wird der Quotient $\frac{N}{\varrho'}$ vergrößert. Also ist die kleinste Lösung der Gleichung niedrigerer Ordnung gleich der der Gleichung höherer Ordnung oder kleiner als diese. Dann aber ist diese als Vielfache jener auch eine Lösung.

§ 45. Die Periodizität der Reste.

Aus der Periodizität der Nullstellen der Restreihen ergibt sich nun die aller übrigen Reste. — Denn es sei $F(x) - Ay$ die Form der Restreihe und $F(x') - Ay' = R'$ ein bestimmter Rest.

Setzen wir dann in die Form $x+x'$ für x und $y+y'$ für y und entwickeln wir die binomischen Potenzen oder Formanten von $F(x)$, so ergibt sich

$$F(x+x') - A(y+y') = \Phi(x) - Ay + F(x') - Ay'$$
$$= \Phi(x) - Ay + R'.$$

Die neue Restform besteht also aus zwei Teilen $\Phi(x) - Ay$ und dem Rest R'. — Ist nun ω die Periode der Nullstellen der Reihe $\Phi(x) - Ay$, so haben offenbar alle Reste mit einem Term von der Form $\omega v + x'$ den Wert R':

(1) $$F(\omega v + x') - Ay = R'.$$

Ist $F(x)$ als Polyform gegeben, also

$$F(x) = a'\binom{x}{n} + b'\binom{x}{n-1} + c'\binom{x}{n-2} + \ldots + g'\binom{x}{2} + h'\binom{x}{1}$$

und ist ω die reguläre Periode der durch den Modul A teilbaren Glieder dieser Reihe, so ist ω auch eine Lösung von $\Phi(x) - Ay = 0$; denn es hat $\Phi(x)$ die Form

$$a'\binom{x'}{n}$$
$$+ \left(a'\binom{x'}{1} + b'\right)\binom{x}{n-1}$$
$$+ \ldots \ldots \ldots$$
$$+ \left(a'\binom{x'}{n-2} + b'\binom{x'}{n-3} + \ldots + g'\right)\binom{x}{2}$$
$$+ \left(a'\binom{x'}{n-1} + b'\binom{x'}{n-2} + \ldots + g'\binom{x'}{1} + h'\right)\binom{x}{1}.$$

Sind aber hierin die Posten

$$a'\binom{x}{n}, \quad b'\binom{x}{n-1}, \quad \ldots, \quad g'\binom{x}{2}, \quad h'\binom{x}{1}$$

für $x = \omega$ durch A teilbar, so sind es auch die übrigen Posten, also die ganze Reihe.

Dagegen ist, wenn

$$F(x) = ax^n + bx^{n-1} + cx^{n-2} + \ldots gx^2 + hx,$$

die kleinste Periode der durch A teilbaren Glieder, die sich als reguläre Lösung von $F(x) - Ay = 0$ aus der Potenzpolynomform ergibt, nicht zugleich die Periode sämtlicher Reste. Vielmehr ist diese besonders zu bestimmen durch Lösung von $\Phi(x) - Ay = 0$, wo

$$\Phi(x) = ax^n$$
$$+ \left[\binom{n}{1}ax' + b\right]x^{n-1}$$
$$+ \left[\binom{n}{2}ax'^2 + \binom{n-1}{1}bx' + c\right]x^{n-2}$$
$$+ \ldots$$
$$+ \left[\binom{n}{n-1}ax'^{n-1} + \binom{n-1}{n-2}bx'^{n-2} + \binom{n-2}{n-3}cx'^{n-3} + \ldots + \binom{2}{1}gx' + h\right]x.$$

Für die Reste der einfachen Potenzreihe $F(x) = x^n$ insbesondere ist

$$\Phi(x) = x^n + \binom{n}{1} x' x^{n-1} + \binom{n}{2} x'^2 x^{n-2} + \ldots + \binom{n}{n-1} x'^{n-1} x.$$

Die reguläre Periode der durch A teilbaren Glieder dieser Reihe ist natürlich von x' unabhängig.

§ 46. Die Symmetrie der Reste.

Während die Periodizität eine allgemeine Eigenschaft der Restreihen erster Ordnung ist, kommt die Eigenschaft der Symmetrie der Reste nicht allen Reihen zu; doch besitzen auch sie große Kategorien von Reihen. Vor allem haben alle symmetrischen Reihen auch symmetrische Restreihen. Denn ist die Reihe $f(x)$ symmetrisch, so sind auch die symmetrischen Gliedern angehörigen Reste gleich. Ist nun die Periode der Nullstellen ω, so bilden ω um den Symmetriepunkt von $f(x)$ gelagerte Glieder der Restreihe eine symmetrische Gruppe von Resten, deren Symmetriepunkt mit dem von $f(x)$ zusammenfällt. Wegen der Periodizität der Restreihe besteht diese nun aus unendlich vielen solchen symmetrischen Gruppen. Die Restreihe hat daher auch unendlich viele Symmetriepunkte. Sie besitzt jedoch nicht allein die, welche dem ersten mit $f(x)$ gemeinsamen periodisch entsprechen, sondern außerdem in der Mitte jeder Gruppe noch einen Symmetriepunkt, also eine doppelte Unendlichkeit solcher.

Im eigentlichen Sinne symmetrisch sind nun bekanntlich nur Reihen von gerader Ordnung; solche ungerader Ordnung können nur invers-symmetrisch sein. Die Restreihen solcher zeigen nun zunächst gar keine Symmetrie; doch würden diese offenbar auch invers-symmetrisch sein, wenn negative Reste zugelassen wären. Sie entstehen, wenn man von den positiven Resten den Modul subtrahiert und sind daher mit den inversen Beträgen der Defekte identisch. Wenn wir daher von den Resten der einen Hälfte einer Periode den Modul subtrahieren, erscheinen hier die Reste der anderen Hälfte symmetrisch. Wir sind daher berechtigt, auch in diesem Falle von einer Symmetrie der Reste zu reden, wollen sie jedoch im Gegensatz zur offenen Symmetrie der Reihen von gerader Ordnung als latente Symmetrie bezeichnen. Sie äußert sich auch darin, daß die zum Mittelpunkt oder den Endpunkten einer Periode symmetrisch gelegenen Glieder sich gegenseitig zum Modul ergänzen.

Da alle Reihen von Potenzen x^n sowie alle Formantenreihen $\binom{x}{n}$ direkt oder invers-symmetrisch sind, so bilden alle Potenzreste und Formantenreste offen oder latent symmetrische Reihen.

Man darf den Satz, daß symmetrische Reihen symmetrische Restreihen haben, jedoch nicht umkehren, vielmehr gibt es auch nicht-symmetrische Reihen mit symmetrischen Restreihen. Doch liegen bei diesen die Symmetriepunkte nicht in oder zwischen den Nullstellen der Reihe. Die von diesen begrenzten Perioden sind also nicht symmetrisch, wohl dagegen andere Perioden, deren Grenzpunkte inmitten der ersteren Perioden fallen. Von einer näheren Untersuchung dieser Symmetrie und ihrer Bedingungen müssen wir hier absehen.

§ 47. Die Zusammensetzung der Restreihen.

Aus den Resten der einfachen Potenzen und Formanten lassen sich zunächst die der Posten einer zusammengesetzten Form und schließlich die der ganzen Polynome und Polyforme berechnen.

Ist nämlich
$$x'^n - Ay' = R' \quad \text{oder} \quad \left(\tfrac{x''}{n}\right) - Ay'' = R'',$$
so ist
$$ax'^n - aAy' - Az' = aR' - Az' = R_a'$$
und ebenso im zweiten Falle
$$a\left(\tfrac{x''}{n}\right) - aAy'' - Az'' = aR'' - Az'' = R_a''.$$

Man erhält also die Restreihe von ax^n oder $a\left(\tfrac{x}{n}\right)$, indem man die Reste von x^n oder $\left(\tfrac{x}{n}\right)$ mit a multipliziert und von den Produkten den Modul A so oft als nötig subtrahiert.

Ähnlich ergibt sich aus den Resten
$$ax'^m - Ay' = R_a', \quad bx'^n - Az' = R_b'$$
der Rest von $ax'^m - bx'^n$ durch Addition der Reste und Subtraktion eines hinreichend großen Vielfachen von A. Sind also $R_a', R_b', R_c', \ldots, R_h'$ Reste der Posten eines Polynoms zum selben Term, so ist
$$R_a' - R_b' - R_c' + \ldots - R_h' - Au' = R'$$
der Rest des ganzen Polynoms.

Wir werden später Methoden kennen lernen, welche uns gestatten, aus den Resten einer Reihe mehrere Modulreihen, die in einer Reihe, deren Modul das Produkt der Modulen jener Reihen ist, zu bilden.

2. Die Reihengleichungen ersten Grades.

§ 48. Die Staffelung der Reihen der Reste und Defekte.

Die allgemeine Form der Reihengleichung erster Ordnung ersten Grades ist

(1) $\qquad ax - Ay = b$, wo $b < A$.

Die Nullgleichung ist also

(2) $\qquad ax - Ay = 0$

oder reduziert

(3) $\qquad \alpha x - Ay = 0$.

Wir nehmen allgemein an, daß der Modul $A > a$ und $A > a$ sei, da, wenn es nicht von Anfang an der Fall sein sollte, durch eine Substitution von $y + vAx$ für y diese Bedingung immer erfüllt werden kann. Hat man die Wahl, welche der beiden Reihen man zur Modulreihe machen will, so kann man die mit dem größeren Koeffizienten wählen.

Die Gestaltung der Distanzreihen, wie wir die Rest- und Defektreihen mit gemeinsamem Namen bezeichnen wollen, hängt nun davon ab, in welchem besonderen Verhältnis a zu A steht, insbesondere ob

$$1. \quad \mu a \leq A < (\mu + 1)a, \text{ wo } \mu > 1$$

oder ob in dieser Limitation

$$2. \quad \mu = 1, \text{ also } a \leq A < 2a.$$

1. **Im ersten Falle besteht die Restreihe aus steigenden Staffeln bei stationärem Term**, von mindestens μ und höchstens $\mu + 1$ Gliedern.

Die erste Staffel ist

$$0, \ a, \ 2a, \ 3a, \ \ldots, \ \mu a.$$

Sie hat also $\mu + 1$ Glieder von der Form az. Bezeichnen wir den Rest von A in az, $A - \mu a$, mit r, den Defekt, $(\mu+1)a - A$ mit t, so ist das erste Glied der zweiten Staffel t und die Form der Staffel $t + az$. Was ihre Länge betrifft, so besteht sie mindestens aus μ Gliedern, denn es ist allgemein das μ-te Glied $t + a(\mu - 1) = a\mu - r < A$. Ob auch das $\mu + 1$-te Glied noch zur Staffel gehört, also auch $t + a\mu < A$ ist, hängt vom Werte von t bzw. r ab. Ist $2r < a$ bzw. $2t < a$, so hat die Staffel $\mu + 1$ Glieder, sonst nur μ. Die Lage von A in der Staffel $t + az$ entspricht also entweder der Limitation

$$t + a(\mu - 1) \leq A < t + a\mu$$

oder

$$t + a\mu \leq A < t + a(\mu + 1).$$

Im ersten Falle setzen wir

$$A - (t + a(\mu - 1)) = r_1, \quad (t + a\mu) - A = t_1,$$

im zweiten Falle

$$A - (t + a\mu) = r_1, \quad (t + a(\mu + 1)) - A = t_1.$$

Es beginnt dann in jedem Falle die dritte Staffel mit dem Gliede t_1 und ihre Form ist $t_1 + az$. Von ihr gilt dasselbe wie von der zweiten. Sie ist steigend bei stationärem Term und hat, wenn $a < 2r_1$, μ Glieder, wenn $a < 2r_1$, deren $\mu + 1$. — Und was von der dritten Staffel gilt, gilt analog von allen folgenden, welche die Formen $t_2 + az$, $t_3 + az$, usw. haben.

2. **Im zweiten Falle besteht die Restreihe aus fallenden Staffeln**, oder, was dasselbe, **die Defektreihe aus steigenden Staffeln**, wobei wir durch geeignete Veränderung des Terms der Modulreihe auch hier den Staffeln stationären Term geben können.

Die Form der Defektreihe ist $Ay-ax$. Behalten wir den Term y der Modulreihe bei, so besteht die Reihe aus steigenden Staffeln bei mit x fortschreitendem Terme y. Die erste Staffel ist 0, $(A-a)$, $2(A-a)$, $3(A-a)$, usw. Dieselbe Staffel aber erhalten wir bei stationärem Term, wenn wir durch die Substitution $y = x - v$ einen neuen abhängigen Term v einführen. Da v das entgegengesetzte Vorzeichen wie y hat, bedeutet diese Substitution zugleich eine Konversion der Modulreihe. Die Form der Defektreihe wird durch sie $(A-a)x - Av$, oder wenn wir $A-a$ mit a' bezeichnen, $a'x - Av$. Die Form ist dieselbe wie die der Restreihe im ersten Falle; sie hat also auch dieselben Eigenschaften wie diese. Ist daher $a'r = A = a'(r+1)$, so besteht jede Staffel aus r oder $r+1$ Gliedern, je nach dem Werte ihres Anfangsgliedes.

Da steigende Staffeln der Restreihe fallende der Defektreihe und umgekehrt bedeuten, so ist bewiesen, daß jede Distanzreihe aus Staffeln besteht, deren Gliederzahl nur um eine Einheit differiert. Im Falle 1 sind die Staffeln der Restreihe steigend, die der Defektreihe fallend, im Falle 2 ist es umgekehrt.

Die Erhöhung, welche der Term der Modulreihe unter der Voraussetzung, daß er innerhalb der Staffeln stationär ist (was immer erreicht werden kann), an den Verwerfungsstellen erfährt, beträgt immer eine Einheit. Der Term der Modulreihe durchläuft also auch die natürliche Zahlenreihe wie der unabhängige Term, nur ändert er sich nicht von Glied zu Glied, sondern von Staffel zu Staffel.

§ 49. Die Perioden der Reste.

Was für alle Reihengleichungen erster Ordnung bewiesen ist, daß nämlich die Reste periodisch sind, gilt natürlich auch für die Reste ersten Grades. Als Reste ersten, also ungeraden Grades sind sie ferner latent symmetrisch: Die gleich weit von der Mitte oder den Enden der Periode befindlichen Reste ergänzen sich zum Modul.

Die Periode der Reste ergibt sich als kleinste Lösung der Nullgleichung
(1) $$ax - Ay = 0,$$
bzw. der reduzierten Nullgleichung
(2) $$ax - Ay = 0.$$

Die Lösung ist $x = A$, d. h. die Periode ist immer gleich dem reduzierten Modul.

Innerhalb einer Periode können niemals zwei gleiche Reste vorkommen, denn es müßte dann
$$ax_1 - Ay_1 = ax_2 - Ay_2$$
oder
(3) $$a(x_1 - x_2) = A(y_1 - y_2)$$
sein. Gehören nun x_1 und x_2 der ersten Periode an, so sind beide Terme kleiner als als A und deshalb auch y_1 und y_2 beide kleiner

als α. Dann aber sind auch, da alle vier Größen positiv sind, $x_1 - x_2 < A$, $y_1 - y_2 < \alpha$. Da aber die Gleichung (3) nur durch $x_1 - x_2 = A$, $y_1 - y_2 = \alpha$ gelöst werden kann, so ist die Annahme zweier gleicher Lösungen unzulässig.

Da nun die Anzahl aller Reste einer Periode A ist und alle verschieden sind, so können sie nur aus den Zahlen der Reihe

$$1, \ 2, \ 3, \ \ldots, \ A-1$$

bestehen. — Dasselbe gilt von den Defekten einer Periode.

Die Reste und Defekte der nicht reduzierten Form $ax - Ay$ sind, wenn $\varkappa$ der größte gemeinsame Teiler von a und A ist, das $\varkappa$-fache der obigen Beträge, also

$$\varkappa, \ 2\varkappa, \ 3\varkappa, \ \ldots, \ (A-1)\varkappa.$$

Daher ist eine Gleichung

$$ax - Ay = k,$$

wo a und A nicht relative Primzahlen sind, nur lösbar, wenn k den größten gemeinsamen Faktor von a und A enthält. Eine Gleichung dagegen, deren Koeffizient prim zum Modul ist, ist immer lösbar. Um die Lösung zu finden, bedarf es nun noch einer Methode zur Bestimmung des Terms eines jeden Restes.

§ 50. Die Berechnung der Restreihe.

Man kann die Reihe der Reste und Defekte natürlich direkt berechnen, indem man eine der Periode entsprechende Anzahl Glieder der gemessenen Reihe berechnet und von diesen die hinreichend großen Vielfachen des Moduls subtrahiert bzw. umgekehrt die Glieder von Vielfachen des Moduls subtrahiert. Es soll jedoch hier eine Methode gesucht werden, die auf kürzerem Wege die Bildung der Restreihe gestattet. Dieser Weg wird darin bestehen, daß wir von jeder Staffel der Restreihe das Anfangsglied zu bestimmen suchen, da mit Hilfe dieser die ganze Reihe sich bilden läßt. Sollte die Reihe der Anfangsglieder der Staffeln wiederum Staffeln bilden, so würde es genügen, von diesen die Anfangsglieder und die Differenz der Glieder der Staffeln zu kennen, um die Reihe bilden zu können. Schreiten wir so fort, so müssen wir, da die Anzahl der Glieder der Periode endlich ist, schließlich zu einer Reihe von Anfangsgliedern gelangen, die aus einer einzigen Staffel besteht, also nicht weiter zerlegbar ist. Kennen wir deren Glieder und die Differenzen der Staffeln, deren Anfangsglieder sie sind, so können wir von ihnen aus die ganze Restreihe berechnen, ohne eine Glied, weder der gemessenen Reihe noch der Modulreihe bilden zu dürfen. Die durch dieses Verfahren nacheinander gebildeten Reihen von Resten stehen also zueinander in der Beziehung der Subsumtion: Jede folgende ist der vorhergehenden subsummiert. Wir wollen sie in der Reihenfolge ihrer Bildung die Unterreihen erster, zweiter, dritter usw. Stufe nennen, entsprechend den Differenzreihen einer Reihe. Die Rest-

bzw. Defektreihe selbst ist dann ihre eigene **Unterreihe nullter Stufe**. Je nach der Zahl der Stufen von Unterreihen, welche eine Restreihe besitzt, unterscheiden wir deren **Rang**. Eine Restreihe nullten Ranges besitzt also keine Unterstufe, sie bildet selbst eine einzige Staffel. Die Unterreihe höchster Stufe ist also immer eine Reihe nullten Ranges. Es ist nunmehr zu zeigen, daß jede Restreihe sich in der Tat in Unterreihen höherer Stufe zerlegen läßt, sofern sie nicht schon nullten Ranges ist.

Die Reihe der Distanzen sei gegeben entsprechend § 49 entweder
1. als **Restreihe** von der Form $a_{,,}x^{,,} - Ay$, wo $\mu a \leq A < (\mu+1)a$ und $\mu \geq 1$, oder
2. als **Defektreihe** von der Form $a'_{,,}x^{,,} - Av$, wo $va' \leq A < (v+1)a'$ und $v \geq 1$.

Beide Reihen haben bei stationärem Term y oder v steigende Staffeln und auch sonst analoge Eigenschaften. Wir wollen daher, um eine einheitliche Form der Reihe als Ausgangspunkt zu gewinnen, **alternative Zeichen** einführen und mit $\bar{a}$ a oder a', sowie mit $\bar{u}$ y oder v bezeichnen. Ferner sei auch hier gleich das alternative Zeichen der Distanz, nämlich s für r oder t eingeführt.

Die Form der Distanzen ist dann in allen Fällen
$$\bar{a}_{,,}x^{,,} - A\bar{u}. \tag{1}$$

Da nun $\bar{u}$ die natürliche Zahlenreihe durchläuft und jeder Staffel ein Wert von $\bar{u}$ entspricht, besteht die Volte von (1) aus den Anfangsgliedern sämtlicher Staffeln, und es ist
$$\bar{a}x - A_{,,}\bar{u}^{,,} \tag{2}$$
die Form der **Unterreihe erster Stufe**. In ihr ist $\bar{a}$ der Modul, der Koeffizient A des unabhängigen Terms also größer als der Modul. Um daher zur Unterreihe zweiter Stufe fortschreiten zu können, muß eine Substitution vorgenommen werden, durch welche der Koeffizient kleiner als der Modul gemacht wird.

Wir haben nun allgemein
$$\mu\bar{a} \leq A < (\mu+1)\bar{a},$$
woraus sich
$$r = A - \mu\bar{a}, \quad t = (\mu+1)\bar{a} - A$$
ergibt, wo $r + t = \bar{a}$. Von den beiden Distanzen ist nun notwendig die eine größer, die andere kleiner als $\bar{a}:2$, falls nicht beide gleich sind. Wir wählen nun die kleinere von beiden, oder, falls sie gleich sind, eine beliebige von ihnen und bezeichnen sie mit dem alternativen Zeichen s. Zugleich substituieren wir in (2) im Falle der Wahl von r, $x = \mu\bar{u} + y'$, im Falle der Wahl von t, $x = (\mu+1)\bar{u} - v'$, wo y' und v' neue abhängige Terme bedeuten. Es entstehen dann die neuen Formen
$$\bar{a}y' - r_{,,}\bar{u}^{,,} \quad \text{oder} \quad -\bar{a}v' + t_{,,}\bar{u}^{,,},$$
die wir wieder durch Einführung der alternativen Zeichen $\bar{u}'$ für y' oder v', s für r oder t auf die einheitliche Form

(3) $$\bar{a}\,\bar{u}' - s\,{}_{,,}\bar{u}``$$

bringen können. Hierin ist nun immer die Bedingung

$$\mu's \leq \bar{a} < (\mu'+1)s, \quad \mu' > 1$$

erfüllt, denn entweder ist

1. $\mu'r \leq \bar{a} < (\mu'+1)r, \quad \mu' > 1$

oder es ist

2. $\mu't \leq \bar{a} < (\mu'+1)r, \quad \mu' \geq 1$.

Denn ist $r \leq \bar{a} < 2r$, so ist $2(\bar{a}-r) < \bar{a}$ oder $2t < \bar{a}$ und darum die zweite Bedingung erfüllt, und ist umgekehrt $t \leq \bar{a} < 2t$, so ist $2r < \bar{a}$ und dann die erste Bedingung erfüllt. Durch die Wahl von s als der kleineren der beiden Distanzen ist daher die Bedingung jedenfalls erfüllt.

Dann aber ist wieder die Volte von (3)

(4) $$\bar{a}\,{}_{,,}\bar{u}'`` - s\,\bar{u}$$

die Form der Unterreihe zweiter Stufe der Distanzreihe (1).

Durch Fortsetzung dieses Verfahrens gelangt man also zu den Unterreihen immer höherer Stufe, die jedoch zugleich Distanzreihen immer niedrigeren Ranges darstellen. Da nun die Anzahl der Glieder der Periode einer Distanzreihe endlich ist, so ist dieser Prozeß der Auswahl von Gliedern nicht bis ins Unendliche fortsetzbar. Vielmehr wird man notwendig einmal zu einer Distanzreihe gelangen, welche eine weitere Selektion einer Unterreihe nicht gestattet, weil sie eine einfache arithmetische Reihe erster Ordnung oder eine Reihe von nur einer Staffel darstellt. Damit ist dann der Prozeß zum Abschluß gebracht und wir können nun rückwärts von der Distanzreihe höchster Stufe aus die der niederen Stufen und endlich die 0-ter Stufe oder die Distanzreihe (1) bilden.

Rekapitulieren wir das Verfahren, so erhalten wir folgenden Überblick:

Stufe der Unterreihe	Form der Distanzreihe	Relationen der Koeffizienten	
0	$\bar{a}\,{}_{,,}x`` - A\,\bar{u}$	$a = a,$	$A - a = a'$
1	$-A\,{}_{,,}\bar{u}`` + \bar{a}x$	$A - \mu\bar{a} = r,$	$(\mu - 1)\bar{a} - A = t$
2	$\bar{a}\,{}_{,,}\bar{u}'`` - s\bar{u}$	$\bar{a} - \mu's = r',$	$(\mu' + 1)s - \bar{a} = t'$
3	$-s\,{}_{,,}\bar{u}''`` + s'\bar{u}'$	$s - \mu''s' = r'',$	$(\mu'' - 1)s' - s = t''$
4	$s'\,{}_{,,}\bar{u}'''`` - s''\bar{u}''$	$s' - \mu'''s'' = r''',$	$(\mu''' - 1)s'' - s' = t'''$
. . .			
p	$s^{(p-2)}\,{}_{,,}\bar{u}^{(p)}`` - s^{(p-1)}\bar{u}^{(p-1)},$	$s^{(p-2)} - \mu^{(p)}s^{(p-1)} = r^{(p)},$	$(\mu^{(p)}+1)s^{(p-1)} - s^{(p-2)} = t^{(p)}$
$+1$	$-s^{(p-1)}\,{}_{,,}\bar{u}^{(p-1)}`` + s^{(p)}\bar{u}^{(p)},$	$s^{(p-1)} - \mu^{(p-1)}s^{(p)} = 0$	
$+2$	$s^{(p)}\,{}_{,,}\bar{u}^{(p+2)}``$		

Die letzte Unterreihe hat also die Form $s^{(p)}\,{}_{,,}\bar{u}^{(p+2)}``$. Sie bildet die $p+2$-te Stufe. Sie stellt eine arithmetische Reihe mit dem Anfangsglied 0 und der Differenz $s^{(p)}$ dar und hat entwickelt die Gestalt

$$0, \quad s^{(p)}, \quad 2s^{(p)}, \quad 3s^{(p)}, \quad \ldots, \quad (\mu^{(p-1)}-1)s^{(p)}.$$

Das Endglied ist kleiner als $s^{(p-1)}$.

Die vorletzte Unterreihe wird aus dieser gebildet, indem man auf jedes Glied als Anfangsglied eine Staffel von der Form

$$s^{(p-1)}z, \quad s^{(p)}+s^{(p-1)}z, \quad 2s^{(p)}+s^{(p-1)}z, \quad \ldots, \quad (\mu^{(p+1)}-1)s^{(p)}+s^{(p-1)}z$$

folgen läßt und jede Staffel fortsetzt, solange die Glieder kleiner als $s^{(p-2)}$ bleiben.

Die drittletzte Unterreihe wird wieder aus der vorletzten ebenso gebildet wie diese aus der letzten. Die Grenze der Glieder der Staffeln ist $s^{(p-3)}$. — So wird fortgefahren, bis man bei der gesuchten Rest- oder Defektreihe angelangt ist.

Bei der Bildung dieser Staffelreihen ist jedoch, um die richtige Reihenfolge der Glieder zu erhalten, wohl zu beachten, ob die Staffeln steigende oder fallende sind. Es ist daher vor der Bildung der weiteren Staffeln die Reihe jedesmal zu konvertieren, wenn der Koeffizient $s^{(i)}$ des Terms z der Staffeln ein Defekt $t^{(i)}$ ist, während sie unverändert bleibt, wenn $s^{(i)} = r^{(i)}$ ist. — Bei der letzten Unterreihe ist immer $r^{(p)} = t^{(p)}$ und daher bleibt hier die Reihenfolge stets ungeändert. — Eine Konversion der letzten Reihe, also der Distanzreihe 0-ter Stufe findet statt, wenn $\bar{a} = a'$ ist.

Zur Bildung der Distanzenreihe irgend einer Form ersten Grades erster Ordnung genügt also die Kenntnis der Größen

$$A, \quad \bar{a}, \quad s, \quad s', \quad s'', \quad s''', \quad \ldots, \quad s^{(p)}$$

und ihrer Herkunft, nämlich ob sie aus der ersten oder zweiten Gleichung des obigen Systems stammen, und also a oder a', ein $r^{(i)}$ oder $t^{(i)}$ bedeuten. — Das System der Gleichungen entspricht offenbar dem zur Auffindung des größten gemeinsamen Teiles zweier Zahlen anzuwendenden, und es ist in der Tat $s^{(p)}$ der größte gemeinsame Teiler von A und a. Wir weichen vom üblichen Verfahren nur insofern ab, als wir immer zwischen Rest und Defekt die kleinere Zahl wählen, was übrigens unter allen Umständen das kürzere Verfahren zur Berechnung des größten gemeinsamen Teilers zweier Zahlen ist.

Sind a und A prim zueinander oder ist die Reihenform durch Division durch $\varkappa$ auf $ax - Ay$ reduziert, so ist nunmehr der größte gemeinsame Teiler $s^{(p)} = 1$ und die letzte Unterreihe ist die natürliche Zahlenreihe: $0, 1, 2, \ldots, \mu^{(p-1)} - 1$. Die Reste der nichtreduzierten Reihe sind dann das $\varkappa$-fache der Reste der reduzierten.

§ 51. Reihengleichungen ersten Grades mit drei Unbekannten.

Die Reihengleichung mit drei Termen hat die allgemeine Form

(1) $\qquad a_1 x + a_2 y + a_3 z = b$.

Die Aufgabe, diese Gleichung zu lösen, kann als gleichbedeutend betrachtet werden mit der Aufsuchung der Nullschicht in dem dreifach ausgedehntem Reihenfachwerk, das durch die Form $a_1x + a_2y + a_3z$ definiert wird. Da zwei der Terme unabhängig sind, als welche wir x und y vorläufig betrachten wollen, können wir sie aber auch auffassen als ein System von Gleichungen mit je zwei Termen, das entsteht, indem man einen der unabhängigen Terme, z. B. y, die natürliche Zahlenreihe durchlaufen läßt und jeweils als konstanten Parameter behandelt.

Eine Aufgabe, welche der Lösung der Gleichung in jedem Falle vorangehen muß, ist die Untersuchung der Konstituenten a_1, a_2, a_3 auf ihre etwaigen **gemeinsamen Faktoren**. Wir wollen dabei folgende Methode[1]) anwenden:

Die Klasse oder das Aggregat der Primfaktoren der Zahlen a_1, a_2, a_3 wollen wir mit $(a_1), (a_2), (a_3)$ bezeichnen, die **Negation** dieser Aggregate mit $(\overline{a_1}), (\overline{a_2}), (\overline{a_3})$. Sie stellen also, positiv ausgedrückt, die unendlichen Klassen derjenigen Faktoren dar, welche in $(a_1), (a_2), (a_3)$ **nicht** enthalten sind. Das logische oder identische Produkt zweier Klassen, das in gleicher Weise wie das arithmetische Produkt zweier Zahlen bezeichnet wird, bedeutet die Gesamtheit der gemeinsamen Faktoren beider Klassen, so daß also z. B. $(a_1)(a_2)$ die (a_1) und (a_2) gemeinsamen Primfaktoren, also die des größten gemeinsamen Teilers der Zahlen a_1 und a_2 darstellt. Bilden wir nun folgende sieben logischen Produkte

$$(\varkappa) = (a_1)(a_2)(a_3).$$
$$(\varkappa_{23}) = (\overline{a_1})(a_2)(a_3), \quad (\varkappa_{13}) = (a_1)(\overline{a_2})(a_3), \quad (\varkappa_{12}) = (a_1)(a_2)(\overline{a_3}),$$
$$(c_1) = (a_1)(\overline{a_2})(\overline{a_3}), \quad (c_2) = (\overline{a_1})(a_2)(\overline{a_3}), \quad (c_3) = (\overline{a_1})(\overline{a_2})(a_3).$$

Sie stellen disjunkte Klassen dar, d. h. solche, die miteinander keinen Faktor gemein haben. Werden die diesen Klassen von Primfaktoren entsprechenden Zahlen nun wieder durch die Symbole ohne Klammer, also durch $\varkappa, \varkappa_{23}, \varkappa_{13}, \varkappa_{12}, c_1, c_2, c_3$ bezeichnet, so können wir mit ihrer Hilfe die drei Zahlen a_1, a_2, a_3 als Produkte von sieben teilerfremden Faktoren darstellen. Es ist nämlich

$$a_1 = c_1\varkappa_{12}\varkappa_{13}\varkappa, \quad a_2 = c_2\varkappa_{12}\varkappa_{23}\varkappa, \quad a_3 = c_3\varkappa_{13}\varkappa_{23}\varkappa,$$

und mit Hilfe dieser Faktorenzerlegung wiederum können wir nun die **größten gemeinsamen Faktoren**, die **kleinsten gemeinsamen Vielfachen**, sowie auch die **nicht gemeinsamen oder spezifischen Faktoren** der Zahlen a_1, a_2, a_3 darstellen, wie sie im folgenden zusammengestellt sind.

	Größter gem. Faktor	Spezifische Faktoren		Kleinstes gem. Vielfache
Von a_1 und a_2	$\varkappa_{12}\varkappa$	$c_1\varkappa_{13}$ und $c_2\varkappa_{23}$		$c_1c_2\varkappa_{12}\varkappa_{13}\varkappa_{23}\varkappa$
,, a_2 ,, a_3	$\varkappa_{23}\varkappa$	$c_2\varkappa_{12}$,, $c_3\varkappa_{13}$		$c_2c_3\varkappa_{12}\varkappa_{13}\varkappa_{23}\varkappa$
,, a_3 ,, a_1	$\varkappa_{13}\varkappa$	$c_3\varkappa_{23}$,, $c_1\varkappa_{12}$		$c_3c_1\varkappa_{12}\varkappa_{13}\varkappa_{23}\varkappa$
,, a_1, a_2, a_3	$\varkappa$	$c_1\varkappa_{12}\varkappa_{13}$,	$c_2\varkappa_{12}\varkappa_{23}$, $c_3\varkappa_{13}\varkappa_{23}$	$c_1c_2c_3\varkappa_{12}\varkappa_{13}\varkappa_{23}\varkappa$

---

[1]) Vgl. wegen der allgemeinen Begriffe E. Schröder, Vorlesungen über die Algebra der Logik, oder E. Müller, Abriß der Algebra der Logik.

Sind zwei der Konstituenten der Gleichung (1) prim zueinander, so kommt dieses dadurch zum Ausdruck, daß dann ihr größter gemeinsamer Faktor also auch jeder von dessen Faktoren gleich 1 wird. Ist z. B. a_1 prim zu a_2, so ist $\varkappa_{12} = 1$ und $\varkappa = 1$ und die Faktorenzerlegung vereinfacht sich in

$$a_1 = c_1 \varkappa_{13}, \quad a_2 = c_2 \varkappa_{23}, \quad a_3 = c_3 \varkappa_{13} \varkappa_{23}.$$

Die Nullgleichung

(2) $$a_1 x + a_2 y + a_3 z = 0$$

hat, abgesehen von der selbstverständlichen Lösung $x=0$, $y=0$, $z=0$, immer Lösungen. Man löst sie, indem man sie zunächst auf

(3) $$c_1 \varkappa_{12} \varkappa_{13} x + c_2 \varkappa_{12} \varkappa_{23} y + c_3 \varkappa_{13} \varkappa_{23} z = 0$$

reduziert. Hierauf legt man einem der Terme einen bestimmten Wert bei, der jedoch ein Vielfaches des nunmehrigen größten gemeinsamen Faktors der Koeffizienten der anderen beiden Terme sein muß.

Setzen wir z. B. $z = \varkappa_{12}$, so reduziert sich (3) auf

(4) $$c_1 \varkappa_{13} x + c_2 \varkappa_{23} y + c_3 \varkappa_{13} \varkappa_{23} = 0$$

und diese Gleichung erfüllt die Bedingung der Lösbarkeit.

Die Gleichung (1) aber ist immer lösbar, wenn b den größten gemeinsamen Faktor $\varkappa$ aller drei Konstituenten enthält. Ist $b = \beta \varkappa$, so reduziert sich (1) auf

(5) $$c_1 \varkappa_{12} \varkappa_{13} x + c_2 \varkappa_{12} \varkappa_{23} y + c_3 \varkappa_{13} \varkappa_{23} z = \beta.$$

Hierin gibt man nun einem der Terme einen bestimmten Wert, jedoch so, daß die Differenz des entsprechenden Postens und β den gemeinsamen Faktor der anderen beiden Posten enthält. Das ist der Fall, wenn z eine Lösung der Gleichung

$$c_3 \varkappa_{13} \varkappa_{23} z + \varkappa_{12} u = \beta$$

ist, die immer lösbar ist, weil die Koeffizienten von z und u prim zueinander sind. Ist ein dieser Gleichung genügender Wert von z gefunden und β' der entsprechende Wert von u, so reduziert sich mit deren Hilfe (5) auf

(6) $$c_1 \varkappa_{13} x + c_2 \varkappa_{23} y = \beta',$$

welche Gleichung immer lösbar ist.

Kennt man aber eine Lösung $x = x'$, $y = y'$, $z = z'$ von (1), so kann man aus ihr folgende drei allgemeine Lösungen ableiten:

1. $x = x' + c_2 \varkappa_{23} v$, $\quad y = y' - c_1 \varkappa_{13} v$, $\quad z = z'$
2. $x = x' - c_3 \varkappa_{23} v$, $\quad y = y'$, $\qquad\qquad z = z' + c_1 \varkappa_{12} v$
3. $x = x'$, $\qquad\qquad y = y' + c_3 \varkappa_{13} v$, $\quad z = z' - c_2 \varkappa_{12} v$,

worin v einen willkürlichen Term bedeutet.

3. Die Formantenreste.

§ 52. Die Bildung der Reste in aus Faktoren zusammengesetzten Moduln aus den Resten in den Faktoren des Moduls.

Ist der Modul A der Form $f(x) - Ay$ keine Primzahl, also in zwei Faktoren B und C zerlegbar, so kann man aus der Reihe der Reste $f(x) - B \cdot Cy$ die Reste $f(x) - By$ und $f(x) - Cy$ ableiten, indem man von jedem Reste, der nicht schon kleiner als der neue Modul B bzw. C ist, Vielfache von B bzw. C subtrahiert, welche den Rest kleiner als den entsprechenden Modul machen, denn es ist

$$f(x) - BCy - Bz = f(x) - B(Cy + z)$$

und da $Cy + z$ jede beliebige Zahl repräsentiert, können wir dafür den abhängigen Term u setzen, wodurch die Form $f(x) - Bu$ der Reste von $f(x)$ im Modul B entsteht.

Man kann aber auch umgekehrt aus den Resten von $f(x)$ in B und C die Reste im Modul $B \cdot C$ ableiten. Denn es seien die Reste desselben Terms x' in B und C

$$f(x') - By' = r', \quad f(x') - Cy'' = r''.$$

Der gesuchte Rest von $f(x')$ in BC sei r. Nun können wir uns r' entstanden denken durch Subtraktion eines Vielfachen von B von r, r'' durch Subtraktion eines Vielfachen von C von r. Wäre $r' = r - uB$, $r'' = r - vC$, so ist

(1) $\qquad\qquad r' + uB = r'' + vC.$

Suchen wir nun die kleinste Lösung dieser Gleichung ersten Grades und sei diese $u = u'$, $v = v'$, so ergibt sich der gesuchte Rest r von $f(x')$ in dem Modul BC als

$$r' + u'B \quad \text{oder} \quad r'' + v'C.$$

Sind also die Restreihen $f(x) - By$ und $f(x) - Cy$ bekannt, so können wir alle Reste der Reihe $f(x) - BCy$ berechnen, indem wir so viele Gleichungen von der Form (1) lösen, als die Periode der letzteren Reihe Glieder hat.

Die Methode ist nicht anwendbar auf Potenzen. Wohl kann man aus den Resten in einem Modul A^2 die Reste im Modul A ableiten, aber nicht umgekehrt. Daher gilt vorläufig[1]) nur der Satz: Kennt man die Reste einer Reihe $f(x)$ in allen Primzahl- und Primzahlpotenzmoduln, so lassen sich aus diesen die Reste in allen aus solchen zusammengesetzten Moduln berechnen.

---

[1]) Es ist unzweifelhaft, daß es Methoden gibt, die Reste in Primzahlpotenzen aus den Resten in einfachen Primzahlen als Modul zu berechnen. Sind sie bekannt, so bedarf man nur der Reste in Primzahlmoduln.

§ 53. Formantenreste in Primzahlmoduln.

Nachdem die Zusammensetzung der Reste von Polynomen und Polyformen aus den Resten einzelner Potenzen und Formanten bei gleichbleibendem Modul in § 47 und die Bildung der Reste einer Reihe in einem zusammengesetzten Modul aus den Resten derselben Reihe in den Primfaktoren des Moduls in § 52 gezeigt wurde, ist die Bildung der Reste beliebiger Reihen in beliebigen Moduln zurückgeführt auf die Reste von Potenzen und Formanten in Primzahlmoduln. Es ist jetzt nur noch die Frage zu entscheiden, ob man als Elementarreste die der Potenzen oder die der Formanten betrachten, oder etwa beide als gleichberechtigte Elementarreste nebeneinander bestehen lassen soll. Sie muß zugunsten der Formantenreste entschieden werden, weil die Potenzreste aus den Formantenresten, nicht aber umgekehrt die Formantenreste aus den Potenzresten sich einfach ableiten lassen, da die Formanten gleich Polynomen mit gebrochenen Koeffizienten sind.

Die Elemente der Reste beliebiger Zahlenreihen sind also die Formantenreste in Primzahlmoduln. Wir nennen diese daher einfach **Elementarreste**.

Vor den Potenzresten haben die Elementarreste noch den Vorzug, daß die Anzahl der von 0 verschiedenen Reste der Formante $\binom{x}{n}$ immer geringer als die der Potenz x^n. Die Anzahl der Glieder einer Periode ist zwar bei beiden Reihen in allen von 2 verschiedenen Moduln gleich dem Primzahlmodul P, doch ist die Zahl der Nullglieder der Periode der Formantenreste n, der Potenzreste 1, und darum die Anzahl der von 0 verschiedenen Elementarreste bei jenen nur $P-n$ gegen $P-1$ bei diesen.

Da ferner alle Glieder der Reihen $\binom{x}{n}$ und x^n, welche kleiner als P sind, selbst Reste darstellen, und im allgemeinen bei gleicher Ordnung der Reihe die Anzahl der Formanten, welche $\binom{x}{n} < P$ genügen, größer ist als die Anzahl der Potenzen, welche $x^n < P$ erfüllen, so wird auch dadurch die Anzahl der nicht auf den ersten Blick erkennbaren Reste — der selbstverständlichen Reste — bei den Formanten gegenüber den Potenzen verringert.

§ 54. Die Staffelung der Reihe der Elementarreste.

Ist die Form der Reihe der Elementarreste $\binom{x}{n} - Py$, so beginnt sie mit den n Nullgliedern. Darauf folgen weitere selbstverständliche Reste, deren Ende bestimmt ist durch $\binom{\mu}{n} \leq P < \binom{\mu+1}{n}$. Es bleiben $P - \mu$ Reste zu bestimmen.

Das Glied, welches den **Symmetriepunkt** der Reste bezeichnet, ist, wenn $P > 2$ und daher in der Form $2p+1$ darstellbar ist, $\binom{p+n-1}{n} - \eta P$, wo η aus der Limitation $\eta P \leq \binom{p+n-1}{n} < (\eta+1)P$

bestimmt ist. Ist nun $\eta < P-\mu$, so bleibt die Modulreihe notwendig stellenweise stationär auf der Strecke zwischen dem Ende der ersten Staffel und dem Symmetriepunkt. Diese Strecke der Restreihe ist also dann gestaffelt. Die Bedingung dieser Staffelung ist jedoch allgemein nur für $n=2$ erfüllt. Bei den übrigen Restreihen befinden sich nur unter den ersten Staffeln bei höheren Werten von P stationäre. Nähern wir uns dem Symmetriepunkt, so werden die Staffeln progressiv.

Bei Reihen zweiten Grades erhalten wir durch Rollenvertauschung der Terme eine **Unterreihe** erster Stufe. Ihre Glieder sind die Anfangsglieder der Staffeln, mit deren Hilfe die Restreihe sich bilden läßt.

§ 55. Perioden der Formantenreste bei nichtprimen Moduln.

Ist in der Reihe $\binom{x}{n} - Ay$ der Modul A keine relative Primzahl im n-System, so ist die Periode der Reihe ein Vielfaches von A. Sie sei μA. Diese Periode zerfällt dann in μ Unterperioden von je A Gliedern, die in solchem Zusammenhang miteinander stehen, daß die folgenden Perioden sich aus den vorhergehenden berechnen lassen.

Substituieren wir in die Form der Reihe $x + A$ für x und $y + z$ für y, so entsteht die Form

$$\binom{x+A}{n} - A(y+z) = \binom{x}{n} - Ay + \binom{A}{1}\binom{x}{n-1} + \binom{A}{2}\binom{x}{n-2} + \ldots + \binom{A}{n} - Az.$$

Die Reihe erscheint also zerlegt in zwei Reihen, die ursprüngliche $\binom{x}{n} - Ay = r$ und eine neue $A\binom{x}{n-1} + \binom{A}{2}\binom{x}{n-2} + \ldots + \binom{A}{n} - Az = r'$, und die Reste der zweiten Unterperiode lassen sich als Summen der Reste der ersten Periode und der neuen Reihe auffassen. Die Form der letzteren läßt sich nun noch wesentlich vereinfachen.

Die Koeffizienten A, $\binom{A}{2}$, ..., $\binom{A}{n}$ stellen wir dar als Vielfache von A plus dem Reste in A. Ohne Änderung der Reste der Reihe können wir dann offenbar überall die Reste der Koeffizienten für diese selbst setzen. Wir bezeichnen sie mit c_i, wo der Index die Ordnungszahl der entsprechenden Formante ist. Die Form der zweiten Reste geht dann, da allgemein $c_1 = 0$, über in

$$c_2\binom{x}{n-2} + c_3\binom{x}{n-3} + \ldots + c_n - Az = r'.$$

Die Koeffizienten dieser Form, also die Reste der Formanten in ihrem eignen Term lassen sich nun folgendermaßen allgemein ermitteln. — Um den Rest der Teilung von $\binom{A}{n}$ durch A zu bestimmen, bringen wir die Zahl A auf ihre typische Form im n-System. Erweist sich dann A als Primzahl dieses Systems, so ist $\binom{A}{n}$ ein Vielfaches von A, also der Rest von $\binom{A}{n}$ in A gleich 0. Wir brauchen also nur das arithmetische Verhältnis von $\binom{A}{n}$ zu A in bezug auf die Formen der **Nichtprimzahlen** des n-Systems zu untersuchen. Es soll hier nur geschehen in den beiden einfachsten Systemen.

I. Im 2-System ist $N=2$. Die Form der Nichtprimzahlen ist $2v$. Ist $A=2a$, so ist der Rest $\binom{A}{2} - Ay = a[2a-1-2y] = a$ für $y = a-1$.

II. Im 3-System ist $N=6$. Die Formen der Nichtprimzahlen sind $6v$, $6v+2$, $6v+3$, $6v+4$. Wir haben daher bezüglich des arithmetischen Verhältnisses von $\binom{A}{3}$ zu A vier Fälle zu unterscheiden, je nach der Form von A, nämlich:

1. $A = 6a$. Die Form des Restes ist $\binom{6a}{2} - 6ay$ $= a[(6a-1)(6a-2) - 6y]$, woraus sich der Rest $2a$ für $y = 3a(a-1)$ ergibt.
2. $A = 6a + 2$. Die Form des Restes ist $(6a+2)$ $[(6a+1)a - y]$, der Rest also 0.
3. $A = 6a + 3$. Die Form des Restes ist $(2a+1)$ $[(3a+1)(6a+1) - 3y]$, woraus für $y = 3a^2 + 3a$ der Rest $2a+1$ sich ergibt.
4. $A = 6a + 4$. Die Form des Restes ist $(3a+2)$ $[2(2a+1)(3a+1) - 2y]$. Der Rest ist also 0.

Im 2-System sind die Formen der vier Werte von A: $2(3a)$, $2(3a+1)$, $6a+3$, $2(3a+2)$, d. h. die dritte Zahl ist im 2-System eine Primzahl, die übrigen sind Nichtprimzahlen im 2-System. Die entsprechenden Reste sind daher $3a$, $3a+1$, 0, $3a+2$.

Die Form der Reste r' ist also in den vier Fällen:

1. $3a\binom{x}{1} + 2a - 6az = a(3\binom{x}{1} + 2 - 6z)$
2. $(3a+1)\binom{x}{1} - (6a+2)z = (3a+1)(\binom{x}{1} - 2z)$
3. $2a + 1 - (6a+3)z = (2a+1)(1 - 3z)$
4. $(3a+2)\binom{x}{1} - (6a+4)z = (3a+2)(\binom{x}{1} - 2z)$.

Nun sind die Restreihen

1. $3\binom{x}{1} + 2 - 6z$: 2 5 2 5 2 5 ... Periode: 2,5
2. u. 4. $\binom{x}{1} - 2z$: 0 1 0 1 0 1 ... „ 0,1
3. $1 - 3z$: 1 1 1 1 1 1 ... „ 1.

Kennen wir also die erste Unterperiode der Restreihe $\binom{x}{3} - Ay$, so können wir mit Hilfe dieser Zusatzreste die Reste der übrigen Unterperioden berechnen.

C. Reihengleichungen höherer Ordnung.

§ 56. Einteilung der Gleichungen.

Die Reihengleichungen mit Modulreihen von zweiter und höherer Ordnung werden wegen der Eigenschaften ihrer Restreihen zweckmäßig in zwei Gruppen gesondert, nämlich in solche, in denen Modulreihen und gemessene Reihen von gleicher Ordnung, oder, in der oben (§ 41) eingeführten Ausdrucksweise, deren Grad gleich der Ordnung ist, und solche, deren Grad von der Ordnung verschieden ist, bei denen dann wieder zu unterscheiden wäre, ob der Grad höher als die Ordnung oder die Ordnung höher als der Grad ist. Wir nennen Gleichungen der ersten Gruppe homonom, die der zweiten Gruppe heteronom.

Die homonomen Gleichungen haben mit ihrem einfachsten Spezialfall, den schon behandelten Gleichungen ersten Grades erster Ordnung die Eigenschaft gemein, daß ihre Restreihen Staffeln von konstanter bzw. innerhalb enger Grenzen schwankender Gliederzahl bilden. Die heteronomen Gleichungen dagegen bilden Staffeln mit stark wechselnder Gliederzahl. Sie sind aus diesem Grunde im allgemeinen schwieriger zu behandeln wie die homonomen Reihen.

Welche Form man für die Reihen wählt, ob man sie durch Polynome oder Polyforme darstellt, hängt von der zu lösenden Aufgabe ab. Für die Einteilung der Reihen in Strecken, sowie für die Umformung der Reihen, erweist sich das Polyform im allgemeinen geeigneter. Ebenso ist es auch da angebracht, wo im Verlaufe der Lösung algebraische Gleichungen mit einer Unbekannten zu lösen sind.

§ 57. Allgemeine Form und Eigenschaften der Restreihen.

Die allgemeine Form der Reihengleichung ist (§ 41) $f_m(x) - \varphi_n(y) = k$, wo $f_m(x)$ und $\varphi_n(y)$ Schnittformen arithmetischer Reihen m-ter bzw. n-ter Ordnung mit dem Anfangsgliede 0 sind. — Die Form der Restreihe ist $f_m(x) - \varphi_n(y)$, ihr Anfangsglied $f_m(0) - \varphi_n(0) = 0$. Die weitere Entwicklung der Restreihe hängt nun von dem arithmetischen Verhältnis der Differenzen $\Delta f_m(x)$ und $\Delta \varphi_n(y)$ ab. Gehen wir von einem bestimmten Reste $f_m(x_0) - \varphi_n(y_0) = r_0$ aus, so ist die Hauptfrage die, ob die Differenzen $\Delta f_m(x_0), \Delta f_m(x_1), \Delta f_m(x_2), \ldots$ größer oder kleiner sind, als die entsprechenden Differenzen $\Delta \varphi_n(y_0), \Delta \varphi_n(y_1), \Delta \varphi_n(y_2), \ldots$. Die Reihe mit den größeren Differenzen eilt dann mit wachsendem Term der anderen Reihe vorauf bzw. die mit kleinerem Term bleibt hinter jener zurück, und es bedarf eines zeitweiligen Anhaltens des Wachstums der einen Reihe, oder einer Beschleunigung des Wachstums der anderen, um wieder einen Ausgleich herbeizuführen und kleinste Reste zu erhalten. Im Verhalten der Reihen zueinander können wir dabei vier Type unterscheiden: Zunächst wird zu scheiden sein, ob die Differenzen der Modulreihe oder die der gemessenen Reihe die größeren sind; sodann kommt es aber auch auf die Größe oder den Grad des Unterschiedes an.

1. **Die Differenzen der Modulreihe seien in der betrachteten Strecke größer als die der gemessenen Reihe:**

$$\Delta \varphi_n(y_i) > \Delta f_m(x_i).$$

Bei gleichmäßigem Wachstum beider Terme nimmt dann die Differenz $f_m(\varphi_i) - \varphi_n(y_i)$ zu. Um dieser Zunahme die nötigen Schranken zu setzen, muß das Wachstum von y verlangsamt werden, indem y nicht mit x gleichzeitig und gleichmäßig wächst. Hierbei sind nun zwei Fälle zu unterscheiden:

a) Die Differenzen der gemessenen Reihe sind niemals so klein, daß auch Summen von zwei oder mehr aufeinanderfolgenden Differenzen kleiner als die entsprechende Differenz der Modulreihe sind.

b) Die Differenzen der gemessenen Reihe sind so klein, daß auch Summen von aufeinanderfolgenden Differenzen kleiner als die entsprechende Differenz der Modulreihe sind.

Im Falle 1a wachsen die Terme beider Reihen im allgemeinen gleichmäßig, nur an den Verwerfungsstellen der Restreihe bleibt der Term der Modulreihe einmal konstant, während der unabhängige Term um eine Einheit fortschreitet. Es bilden sich also progressive Staffeln, die voneinander geschieden werden durch zwei Reste mit gleichem Term der Modulreihe.

Im Falle 1b dagegen bleibt der Term der Modulreihe für mehrere aufeinanderfolgende Glieder konstant und die Verwerfung besteht darin, daß er an bestimmten Stellen um eine Einheit wächst. Es besteht die Restreihe also aus stationären Staffeln mit progressiven Verwerfungsstellen.

2. **Die Differenzen der Modulreihe seien in der betrachteten Strecke kleiner als die der gemessenen Reihe:**

$$\Delta \varphi_n(y_i) < \Delta f_m(x_i).$$

Bei gleichmäßigem Wachstum beider Terme nimmt dann die Differenz $f_m(x_i) - \varphi_n(y_i)$ ab. Um ein Sinken unter 0 zu verhindern, muß daher das Wachstum von y im Durchschnitt schneller sein als das von x. Hierbei sind wieder zwei den unter 1 unterschiedenen entsprechende Fälle zu unterscheiden:

a) Es sind niemals Summen der Differenzen der Modulreihe kleiner als die entsprechende Differenz der gemessenen Reihe.

b) Es gibt solche Summen von Differenzen.

Im Falle 2a wachsen beide Terme im allgemeinen gleichmäßig, doch nimmt der Term der Modulreihe an den Verwerfungsstellen um eine Einheit mehr zu als der entsprechende Term der gemessenen Reihe. Die Reihe besteht also aus progressiven Staffeln, welche an den Verwerfungsstellen durch eine stärkere Progression unterbrochen werden.

Im Falle 2b wächst der Term der Modulreihe im allgemeinen stärker als der der gemessenen Reihe, doch gibt es Verwerfungsstellen, an denen ersterer um eine Einheit hinter seinem gewöhnlichen Wachstum zurückbleibt.

Ist der Ausgangspunkt für die Bildung der Reste das Anfangsglied der ganzen Restreihe $f_m(0) - \varphi_n(0) = 0$, so nehmen für die ersten Reste der Reihe die obigen vier Fälle folgende Gestalt an, wobei zu beachten, daß $\Delta f_m(0) = f_m(1)$ und $\Delta \varphi_n(0) = \varphi_n(1)$.

(1a) $\qquad\qquad f_m(1) < \varphi_n(1) < f_m(2).$

Der erste von 0 verschiedene Rest ist $f_m(1)$.

(1b) $\qquad\qquad f_m(\xi) < \varphi_n(1) < f_m(\xi+1).$

Die erste Staffel der Reste ist $f_m(0), f_m(1), f_m(2), \ldots, f_m(\xi)$.

(2a) $\qquad\qquad \varphi_n(1) < f_m(1) < \varphi_n(2).$

Der erste von 0 verschiedene Rest ist $f_m(1) - \varphi_n(1)$.

(2b) $\qquad\qquad \varphi_n(\eta) < f_m(1) < \varphi_n(\eta+1).$

Der erste von 0 verschiedene Rest ist $f_m(1) - \varphi_n(\eta)$.

Ist insbesondere $f_m(x) = a\binom{x}{m}$, $\varphi_n(y) = A\binom{y}{n}$, so beginnt man zweckmäßig die Restreihe mit den letzten Nullgliedern beider Reihen, also $a\binom{m-1}{m}$ und $A\binom{n-1}{n}$ und transformiert demgemäß die Restreihe in

$$a\binom{x+m-1}{m} - A\binom{y+n-1}{n}.$$

Die vier Fälle sind dann folgende:

(1a) $\qquad\qquad a < A < a\binom{m+1}{1}.$

Das erste von 0 verschiedene Glied der Reihe ist a.

(1b) $\qquad\qquad a\binom{\xi+m-1}{\xi-1} < A < a\binom{\xi+m}{\xi}.$

Die erste Staffel der Reihe ist dann $0, a, a\binom{m+1}{1}, a\binom{m+2}{2}$, $\ldots, a\binom{m+\xi-1}{\xi-1}$.

(2a) $\qquad\qquad A < a < A\binom{n+1}{1}.$

Der erste von 0 verschiedene Rest ist dann $a - A$.

(2b) $\qquad\qquad A\binom{\eta+n-1}{n} < a < A\binom{\eta+n}{n}.$

Der erste von 0 verschiedene Rest ist dann $a - A\binom{n+\eta-1}{\eta-1}$.

Die vier typischen Arten der Staffelung kommen bei beiden Arten der Reihengleichungen, den homonomen wie den heteronomen vor. Sie unterscheiden sich jedoch dadurch, daß die Staffeln der ersteren eine gewisse Konstanz in bezug auf ihre Länge zeigen, während die der letzteren in bezug auf diese sehr variabel sind.

Ist nämlich die Gleichung heteronom, also die eine Reihe von niedrigerer Ordnung als die andere, so werden, wenn nicht von Anfang, so doch von einem bestimmten Gliede an, alle Differenzen der ersteren notwendig kleiner sein als die der letzteren. Dadurch erfährt das über die Staffelung Gesagte bei diesen Reihen folgende Modifikation:

1. Ist die gemessene Reihe von niedrigerer Ordnung als die Modulreihe, also $m < n$, so ist es zwar möglich, daß in einzelnen endlichen Stücken und im Anfang die Differenzen der gemessenen Reihe größer seien als die der Modulreihe, für die größte, weil unendliche Endstrecke der Reihe sind aber gewiß die Differenzen der gemessenen Reihe die kleineren, und zwar wird nach einer Übergangsstrecke, in welcher der Fall 1a zutrifft, der Fall 1b Geltung bekommen: Eine wachsende Summe von Differenzen der gemessenen Reihe wird kleiner als die entsprechende Differenz der Modulreihe sein.

2. Ist die gemessene Reihe von höherer Ordnung als die Modulreihe, also $m > n$, so ist es zwar möglich, daß in einzelnen endlichen Strecken und im Anfang die Differenzen der Modulreihe größer seien als die der gemessenen. Für die unendliche Endstrecke dagegen sind sicher die Differenzen der Modulreihe kleiner. Es trifft daher zur Hauptsache der Fall 2 zu und zwar tritt, nach einer Übergangsstrecke, in welcher noch beide Terme sich gleichmäßig verändern und nur an den Verwerfungsstellen der Modulterm sich schneller bewegt, der Fall 2b dauernd in Geltung: y bewegt sich sprungweise in immer größeren Sprüngen mit nur einmaliger Verzögerung der Bewegung um eine Einheit an den Verwerfungsstellen.

Bei homonomen Gleichungen dagegen bilden sich in den verschiedenen Strecken Staffeln von verschiedenem Typ, aber angenähert gleicher Länge. In der unendlichen Endstrecke bleibt auch der Typ der Staffel dauernd derselbe. Es ist nämlich bei homonomen Reihen die Summe einer konstanten Anzahl von aufeinanderfolgenden Differenzen der einen Reihe von der Summe einer konstanten Anzahl von aufeinanderfolgenden Differenzen der anderen Reihe nur um eine Größe verschieden, welche kleiner als die letzte Differenz der Modulreihe ist. An die Stelle der Summe kann dabei auf der einen Seite auch ein einzelnes Glied treten. Diese Summen bestimmen daher die Längen der Staffeln der Rest- und Defektreihen, jedoch nicht allein, sondern in Verbindung mit den Anfangsgliedern der Staffeln. Ist das Anfangsglied einer Staffel groß, so hat die Staffel eine geringere Anzahl von Gliedern, als wenn es klein ist. Es wechseln daher Staffeln mit verschiedener Gliederzahl, die jedoch nie unter ein gewisses Minimum herabsinkt noch sich über ein gewisses Maximum erhebt. Die Differenz des Maximums und des Minimums ist gleich der gemeinsamen Ordnungszahl beider verglichenen Reihen[1]). Bei den homonomen Reihen erster Ordnung unterscheiden sich die Staffeln, wie § 48 gezeigt wurde, um höchsens ein Glied voneinander.

---

[1]) Dieser zur Hauptsache auf induktivem Wege gewonnene Satz bedarf noch des deduktiven Beweises.

§ 58. Heteronome Reihengleichungen ersten Grades.

Die einfachste Form einer Reihengleichung ersten Grades n-ter Ordnung ist, wenn die Modulreihe als Formantenreihe gegeben ist

(1) $$a\binom{x}{1} - A\binom{y}{n} = k.$$

Als erstes Glied der Restreihe betrachten wir

$$a\binom{0}{1} - A\binom{n-1}{n} = 0.$$

Der erste von 0 verschiedene Rest ist, wenn

1. $a < A$, $a\binom{1}{1} - A\binom{n-1}{n} = a$
2. $a > A$, $a\binom{1}{1} - A\binom{n}{n} = a - A$.

Durch Substitution von $y = z + n - 1$ werden die Terme der beiden ersten Glieder der Restreihe in $x = 0$, $z = 0$ und $x = 1$, $z = 0$ im ersten Falle, $x = 1$, $z = 1$ im zweiten Falle verwandelt. Beide Fälle sollen nunmehr gesondert behandelt werden.

1. $a < A$, und zwar sei $a\lambda \leq A < a(\lambda + 1)$. Die Reihe der Reste besteht dann aus Staffeln, deren erste $0, a, 2a, 3a, \ldots, \lambda a$ ist. Nach der Verwerfung beginnt die zweite Staffel mit $a(\lambda + 1) - A$ und endigt mit dem Gliede, dessen Term $\lambda + \mu$ durch

$$a(\lambda + \mu) - A \leq A\binom{n}{n} < a(\lambda + \mu + 1) - A$$

oder

$$a(\lambda + \mu) \leq A\binom{n+1}{n} < a(\lambda + \mu + 1)$$

bestimmt ist. Das Anfangsglied der dritten Staffel ist dann $a(\lambda + \mu + 1) - A\binom{n+1}{1}$ usw. Die Anfangsglieder der Staffeln sind nun nichts anderes als die Glieder der Volte von $a\binom{"x"}{1} - A\binom{y}{n}$ also von der Form $a\binom{x}{1} - A\binom{"y"}{n}$ (§ 40). Sie sind, anders ausgedrückt, die Defekte der Reihe $A\binom{y}{n}$ in ax als Modulreihe. Damit ist das Bildungsgesetz der Reihe der Reste gefunden: Sie besteht aus Staffeln, gebildet aus den Gliedern der Volte der Restreihe als Anfangsgliedern, während die Differenz der Glieder der einzelnen Staffeln die Konstante a ist. Die Staffeln sind also arithmetische Reihen mit wechselndem Anfangsglied und wachsender Länge der Staffeln.

2. $a > A$. Dieser Fall unterscheidet sich von 1 dadurch, daß das Gesetz der Restreihe nicht durch die ganze Reihe dasselbe ist, diese vielmehr in zwei Teile zerfällt, die von verschiedenen Bildungsgesetzen beherrscht werden. Da nämlich die Differenz der gemessenen Reihe konstant gleich a bleibt, wächst die der Modulreihe $\Delta A\binom{y}{n} = A\binom{y}{n-1}$ mit wachsendem Term. Die Differenz der gemessenen Reihe ist daher nur im ersten Teil der Reihe größer

als die der Modulreihe, später überflügelt die Differenz dieser die Größe a. Der eigentliche Charakter der beiden Reihenteile wird aber dadurch bestimmt, daß im ersten die Volte von $a\binom{{}_{m}x^{n}}{1} - A\binom{y}{n}$ der Reihe selbst übergeordnet, im zweiten die Volte der Reihe untergeordnet ist. Zwischen beiden liegt im allgemeinen eine Strecke der Identität von Volte und Reihe, die man daher nach Belieben dem ersten oder zweiten Teile zurechnen oder auch besonders betrachten kann. Während also im Fall 1 die Volte der ganzen Reihe untergeordnet war, ist es im Falle 2 nur die Volte des zweiten, allerdings im allgemeinen wichtigeren, weil unendlichen Teiles der Reihe (§ 40).

Für diesen Endteil der Reihe gilt nun genau dasselbe Bildungsgesetz wie für die ganze Reihe im Falle 1: Die Reihe entsteht durch Interpolation von arithmetischen Reihen erster Ordnung zwischen die Glieder der Volte. — Für den ersten, aus einer endlichen Anzahl von Gliedern gebildeten Teil der Reihe gibt es kein derartiges abkürzendes Bildungsgesetz.

Ist die Modulreihe nicht, wie wir hier zunächst annahmen, eine solche, deren Form sich durch eine einzige Formante darstellen läßt, so besteht die Möglichkeit eines wechselnden Steigens und Abnehmens der Differenz der Modulreihe. Die Restreihe ist dann in einzelne Strecken zu zerlegen und für jede Strecke gesondert zu bilden. Ist z. B. die Modulreihe eine Reihe zweiter Ordnung von der Form $A\binom{y}{2} + B\binom{y}{1}$, so sind die beiden Streckenformen der Reihe zu bilden (§ 31) und die Lage der Reihe erster Ordnung $a\binom{x}{1}$ in jeder dieser Strecken zu untersuchen.

§ 59. Verkürzte Restreihen.

Haben sämtliche Glieder einer der Reihen $f_m(x)$ oder $q_n(y)$ einen gemeinsamen Faktor, so kann der Rest $f_m(x) - q_n(y)$ offenbar nur dann 0 werden, wenn auch die Glieder der anderen Reihe denselben Faktor haben. Handelt es sich daher nur um die Lösung der Nullgleichung $f_m(x) - q_n(y) = 0$, nicht um die Bildung der vollständigen Restreihe, so kann man die Aufgabe wesentlich vereinfachen, indem man nur die Glieder der Restreihe bildet, welche jenen Faktor der einen Reihe besitzen.

Haben alle Glieder einer arithmetischen Reihe m-ter Ordnung denselben Faktor a, wofür nach § 11 eine hinreichende Bedingung die ist, daß $m+1$ Glieder der Reihe diesen Faktor besitzen, so zeigt sich dieser Faktor auch in der Form der Reihe. Hat also die Reihe $f_m(x)$ den Faktor a, so können wir sie durch $af'_m(x)$ bezeichnen und die Restreihe nimmt die Form $af'_m(x) - q_n(y)$ an. Kennen wir nun die Terme von $q_n(y)$, für welche die Glieder dieser Reihe den Faktor a haben, so können wir durch Substitution der Formen dieser Terme für y eine Restreihe bilden, welche der ersten subsumiert ist und nur durch a teilbare Reste einschließlich sämtlicher Nullreste enthält.

Sind beide Reihen solche, deren Glieder einen gemeinsamen Faktor besitzen, ist also auch $q'_\mu(y) = bq'_\mu(y)$, so läßt sich die analoge Substitution für x vollziehen und die Restreihe $af'_m(x) - bq'_\mu(y)$ in eine solche verwandeln, deren sämtliche Glieder sowohl den Faktor a als den Faktor b besitzen, die Nullglieder eingerechnet, welche als Glieder, die jeden beliebigen Faktor haben, betrachtet werden können.

Einen besonderen Fall dieser Art stellen die Formen $ax^m - Ay^n$ oder $a\binom{x}{m} - A\binom{y}{n}$ dar. Ist A eine Primzahl im m-System, und a eine Primzahl im n-System, so ist einfach $x = Av + \mu$, und $y = au + v$ zu substituieren, wo μ alle Werte von 0 bis $m-1$, v alle Werte von 0 bis $n-1$ durchläuft. Es ergeben sich also dann $m \cdot n$ verschiedene verkürzte Restreihen, die alle der ursprünglichen subsumiert und deren sämtliche Nullstellen mit denen jener identisch sind.

§ 60. Restreihen höherer Stufe und die Revolvenz der Reihen.

Aus den Restreihen kann man nun bei homonomen Reihen allgemein durch Vertauschung der Rollen beider Terme die Reihen der kleinsten Glieder jeder Staffel oder die untergeordneten Restreihen höherer Stufe bilden.

Am einfachsten ist diese Operation, wenn die Restreihe vom Typ 1b (§ 57) ist. Es ist dann die Volte der Reihe die gesuchte Unterreihe; denn sie ist jener subsumiert und enthält Glieder für jeden Wert des Terms der Modulreihe. — In allen anderen Fällen muß man durch geeignete Substitution einen neuen abhängigen Term einführen, in bezug auf welchen die Reihe vom Typ 1b wird.

Bezüglich der Substitution sind vier Fälle zu unterscheiden.

1. Sind die Staffeln in bezug auf y vom Typ 2a, d. h. bewegen sich x und y im allgemeinen gleichmäßig, während an den Verwerfungsstellen y um eine Einheit vorauseilt, so ist zu substituieren

(1) $$y = x + u,$$

wodurch der neue Modulterm u eingeführt wird, der unverändert bleibt, wenn x und y sich gleichmäßig bewegen, während er an den Verwerfungsstellen um eine Einheit zunimmt.

2. Sind die Staffeln vom Typ 1a, d. h. bewegen sich im allgemeinen x und y gleichmäßig, und bleibt nur an den Verwerfungsstellen y stille stehen, so ist zu substituieren

(2) $$y = x - u.$$

Der neue Modulterm u bleibt dann unverändert, solange x und y sich gleichmäßig verändern, während er um eine Einheit wächst, wenn y unverändert bleibt.

3. Gehören die Staffeln dem Typ 2b an, so ist zu unterscheiden, ob an den Verwerfungsstellen der Term des Moduls sich um eine Einheit mehr oder um eine Einheit weniger verändert

als im allgemeinen. — Verändert sich y im allgemeinen um a, während er an den Verwerfungsstellen sich um $a+1$ verändert, so ist zu substituieren

(3) $$y = ax + \beta + u,$$

wo β eine dem Term des Anfangsgliedes der Staffel entsprechende Konstante bedeutet, die auch 0 sein kann. — Verändert sich nun y proportional mit ax, so bleibt u unverändert, während u an den Verwerfungsstellen um eine Einheit wächst. — Verändert sich dagegen y an den Verwerfungsstellen nur um $a-1$, während es im allgemeinen um a wächst, so ist die Substitution

(4) $$y = ax + \beta - u,$$

durch welche bewirkt wird, daß u in der Staffel unverändert bleibt und an der Verwerfungsstelle um eine Einheit vorrückt.

Welchem Typ die Reihe angehört und welche der vier Substitutionen anzuwenden ist, erkennt man entweder unmittelbar aus der Form der Reihe oder aus der ersten, einschließlich der ersten Verwerfungsstelle, berechneten Staffel.

Als Beispiel soll die Restreihe

(1) $$2\binom{{}_{,,}x^{,,}+2}{3} - \binom{y+2}{3}$$

dienen, deren Unterreihen sich folgendermaßen gestalten:

Die ersten Staffeln der Reihe sind

$,,x^{,,}=$	0	1	2	3	4	5	6	7	8	9	10	11	12
Reste	0	1	4	0	5	14	28	3	20	44	76	12	48
$y=$	0	1	2	4	5	6	7	9	10	11	12	14	15

Die Reihe gehört dem Typ $2a$ an. Die Substitution ist also $y = x + u$. Die Volte von (1)

(2) $$2\binom{x+2}{2} - \binom{x+{}_{,,}u^{,,}+2}{3} = \binom{x}{3} - \binom{x}{2}\binom{{}_{,,}u^{,,}+2}{1} - \binom{x}{1}\binom{{}_{,,}u^{,,}+2}{2} - \binom{{}_{,,}u^{,,}+2}{3}$$

stellt dann die Unterreihe erster Stufe dar.

Ihre ersten Staffeln sind[1])

$,,u^{,,}=$	0	1	2	3	4	5	6	7	8	9	10	11	12
Reste	0	0	3	12	30	60	105	7	40	90	160	253	520
$x=$	0	4	8	12	16	20	24	27	31	35	39	43	47

---

[1]) Zur Berechnung der Reste bedient man sich entweder der entwickelten oder der unentwickelten Form. Erstere wird aus dieser gewonnen durch Anwendung der Formeln in § 11, § 13, und in § 17. Für die direkte Berechnung sind die unentwickelten Formen bequemer; doch werden die Formanten bald so groß, daß die Tabellen nicht ausreichen und wenn man sie auf 10 und mehr Stellen berechnete. Durch die Entwicklung werden die Terme der Formanten wesentlich kleiner und bleibt daher die Tabelle bei der Rechnung länger verwendbar. Dafür hat wieder die Auffindung des kleinsten Restes einige Schwierigkeit, wie überhaupt alle Rechnungen umständlich und mühsam sind. Man geht zweckmäßig in der Weise vor, daß man zunächst die Reihen berechnet, welche die Koeffizienten der Formanten des Modulterms darstellen.

Sie gehört dem Typ 2b an und zwar der zweiten Art. Die Substitution ist $x = 4u - v$. Die Volte von (2) ergibt die Unterreihe zweiter Stufe.

$$(3) \quad 2\binom{4u - ,,v`` + 2}{3} - \binom{5u - ,,v`` + 2}{3}$$
$$= 3\binom{u}{3} + 10\binom{u}{2} + 5\binom{u}{1} - \left[7\binom{u}{2} + 5\binom{u}{1}\right]\binom{,,v`` - 2}{1} + 3\binom{u}{1}\binom{,,v``}{2} - \binom{,,v``}{3}.$$

Die ersten Staffeln sind

$,,v`` =$	1	2	3	4	5	6	7	8	9	10	11	12	13
Reste	0	7	76	56	260	112	505	128	764	57	990	2335	1136
$u =$	1	7	14	20	27	33	40	46	53	59	66	73	79

Die Reihe gehört ebenfalls der zweiten Art des Typs 2b an und erfordert die Substitution $u = 7(v-1) - w$, um sie auf den Typ 1b zu bringen. Die Volte der transformierten Reihe ist dann die Unterreihe dritter Stufe:

$$(4) \quad 2\binom{27v - 4,,w`` - 26}{3} - \binom{34v - 5,,w`` - 33}{3} = 62\binom{v}{3} + 104\binom{v}{2} - 17\binom{v}{1}$$
$$+ 20 + \left(10\binom{v}{2} + 57\binom{v}{1} - 20\right)\binom{,,w`` - 2}{1}$$
$$- \left(28\binom{v}{1} - 27\right)\binom{,,w`` - 2}{2} - 55\binom{,,w`` - 2}{3},$$

deren erste Staffeln sind:

$,,w`` =$	0	1	2	3	4	5	6	7	8	9	10
Reste	7	56	112	128	57	1136	1155	1000	624	3980	3714
$v =$	2	4	6	8	10	13	15	17	19	22	24

Die Reihe gehört der ersten Art des Typs 2b an. Eine neue Variable z wird daher eingeführt durch die Substitution $v = 2(w+1) + z$, wodurch die Form der Unterreihe vierter Stufe nach Vertauschung der Rollen der Terme entsteht:

$$(5) \quad 2\binom{50w + 27,,z`` + 28}{3} - \binom{68w + 34,,z`` + 35}{3}.$$

Bei der Bildung der Restreihe fünfter Stufe ist zu beachten, daß die Staffeln der Reihe vierter Stufe im Begriff sind, in fallende Staffeln überzugehen, so daß dann nicht das erste, sondern das letzte Glied jeder Staffel deren kleinstes Glied ist.

Die Bildung der Restreihen höherer Stufen ist das wesentlichste Hilfsmittel zur Diskussion der Reihen. Sie dient namentlich zur Auffindung der Nullglieder innerhalb bestimmter Strecken. Da das oben berechnete letzte Glied der Restreihe 3714 dem Term $x = 582$, $y = 733$ entspricht, so ergibt sich, daß die Restreihe (1) außer dem Nullgliede für $x = 3$, $y = 4$ keine Nullglieder innerhalb der ersten 582 Glieder der Reihe besitzt, und die Grenze läßt sich beliebig weit vorschieben, um so schneller und leichter zu je höheren Stufen der Unterreihe man fortschreitet.

Die Beziehungen der Reihen.

In manchen Fällen aber erhalten wir durch die Bildung der subsumierten Restreihen auf kurzem Wege Aufschluß über die wesentlichsten allgemeinen Eigenschaften der Reihen, wie in folgendem Beispiel:

Die Restreihe sei

(6) $$2\left(\genfrac{}{}{0pt}{}{„x“}{2}\right)-\left(\genfrac{}{}{0pt}{}{y}{2}\right).$$

Ihr Anfang ist

„x“ =	0	1	2	3	4	5	6	7	8	9	10	11	12	13	14	15
Reste	0	0	1	0	2	5	2	6	1	6	12	5	12	3	11	0
y =	0	1	2	4	5	6	8	9	11	12	13	15	16	18	19	21

Die Reihe ist vom Typ 2a, weshalb wir $y = x + u$ substituieren, wodurch sie unter gleichzeitiger Vertauschung der Rollen der Terme übergeht in

(7) $$2\binom{x}{2}-\binom{x+„u“}{2}=\binom{x}{2}-\binom{x}{1}\binom{„u“}{1}-\binom{„u“}{2}.$$

welche die Unterreihe erster Stufe darstellt.

Ihre ersten Staffeln sind

„u“ =	0	1	2	3	4	5	6	7	8	9	10	11
Reste	0	0	2	1	5	3	0	6	2	10	5	15
x =	1	3	6	8	11	13	15	18	20	23	25	28

Die Reihe ist vom Typ 2b erster Art und deshalb $x = 2u + v$ zu substituieren. Die Volte ist dann die Unterreihe zweiter Stufe

(8) $$2\binom{2u+„v“}{2}-\binom{3u+„v“}{2}=-\binom{u+1}{2}+\binom{u}{1}\binom{„v“}{1}+\binom{„v“}{2}.$$

„v“ =	0	1	2	3	4	5	6	7	8	9	10	11	12	13	14
Reste	0	0	1	0	2	5	2	6	1	6	12	5	12	3	11
u =	0	1	3	6	8	10	13	15	18	20	22	25	27	30	32

Diese Restreihe ist aber identisch mit der ursprünglichen Reihe, wie sich auch unmittelbar ergibt, wenn wir in (8) $u+1 = v+w$ setzen. Es geht dann über in

(9) $$2\binom{v}{2}-\binom{w}{2}.$$

also in eine mit (6) äquivalente Form.

Diese wichtige Eigenschaft, daß eine Unterreihe mit der Reihe selbst identisch ist, wollen wir als **Revolvenz der Reihe** bezeichnen, und zwar als Revolvenz auf erster, zweiter, dritter usw. Stufe, je nachdem die identische Unterreihe von der Stufe ist. Wir finden diese Eigenschaft bei vielen Reihen zweiter Ordnung. Vermutlich kommt sie auch vor bei einzelnen Reihen höherer Ordnung, doch war es nicht möglich, unter diesen revolvente Reihen nachzuweisen.

Eine revolvente Reihe läßt sich in Abschnitte von wachsender Länge zerlegen, deren jede folgende die Glieder der vorhergehenden und außerdem zwischen diesen interpolierte neue Glieder besitzt. Wir nennen solche Abschnitte **Revolvenzperioden**. Sie sind durch folgendes Schema der Reihe (6) veranschaulicht.

0	1	2	3	4	5	6	7	8	9	10	11	12	13	14	15
0	0	1	0	2	5	2	6	<u>1</u>	6	12	5	12	3	11	0
I	II	III													IV

15	16	17	18	19	20	21	22	23	24	25	26	27	28	29	30	31	32
0	9	19	6	17	<u>2</u>	14	27	10	24	<u>5</u>	20	36	15	32	9	27	<u>2</u>
IV																	

32	33	34	35	36	37	38	39	40	41	42	43	44	45	46	47	48	49
<u>2</u>	21	41	14	35	<u>6</u>	28	51	20	44	11	36	<u>1</u>	27	54	17	45	<u>6</u>

49	50	51	52	53	54	55	56	57	58	59	60	61	62	63	64	65	66
<u>6</u>	35	65	24	55	<u>12</u>	44	77	32	66	19	54	<u>5</u>	41	78	27	65	<u>12</u>

66	67	68	69	70	71	72	73	74	75	76	77	78	79	80	81	82	83	84	85
<u>12</u>	51	91	36	77	20	62	<u>3</u>	46	90	29	74	<u>11</u>	57	104	39	87	20	69	0
																			V

Das dargestellte Stück der Reihe zeigt also vier Revolvenzperioden. Die fünfte beginnt mit dem 85. Gliede. Die wiederkehrenden Glieder sind unterstrichen, die zum zweiten Male wiederkehrenden doppelt. Zwischen den Gliedern der vorhergehenden Revolvenzperiode sind immer zwei bis drei Staffeln interpoliert.

§ 61. Reduzierbare Gleichungen.

Haben die Posten mit der höchsten Potenz bzw. der Formante höchster Ordnung in einer homonomen Reihengleichung n-ten Grades Koeffizienten, welche sich nur durch Faktoren n-ter Potenz voneinander unterscheiden, so kann man aus ihnen immer die höchste Potenz der gemessenen Reihe eliminieren, also diese in eine Reihe $n-1$-ten Grades verwandeln. Die Reihen seien, wie es in diesem Falle zweckmäßiger ist, als Polynome gegeben. Wir schreiben sie $\alpha\beta^n x^n + f_{n-1}(x)$ und $\alpha\gamma^n y^n + \varphi_{n-1}(y)$, wo $f_{n-1}(x)$ und $\varphi_{n-1}(y)$ Formen $n-1$-ten Grades darstellen.

Die Elimination von x^n aus der Gleichung

(1) $\qquad \alpha\beta^n x^n + f_{n-1}(x) - \alpha\gamma^n y^n - \varphi_{n-1}(y) = k$

kann nun in doppelter Weise vollzogen werden:

a) Man substituiert $x = \gamma u$, $y = \beta u + v$, so ergibt sich

(2) $\qquad f_{n-1}(\gamma u) - \alpha\gamma^n [n(\beta u)^{n-1} v + \ldots + v^n] - \varphi_{n-1}(\beta u + v) = k.$

Diese Gleichung ist jedoch mit der Gleichung (1) nicht äquivalent, sondern ihr subsumiert, da die Reihe der Terme der gemessenen Reihe nicht mehr die natürliche Zahlenreihe, sondern die Reihe γu ist.

Ist jedoch $\gamma = 1$, so läßt man x unverändert und setzt $y = \beta x + v$. Die Gleichung (2) nimmt dann die Gestalt

(3) $\quad f_{n-1}(x) - a\,[n(\beta x)^{n-1} v + \ldots + v^n] - q_{n-1}(\beta x + v) = k$

an und diese ist mit (1) äquivalent.

Ist auch $\beta = 1$, sind also die Koeffizienten von x^n und y^n gleich, so tritt eine weitere Vereinfachung von (3) ein.

b) Substituiert man $x = u : \beta$ und $y = v : \gamma$, so geht (1) über in

(5) $\quad a u^n + f_{n-1}(u:\beta) - a v^n - q_{n-1}(v:\gamma) = k$,

welche (1) übergeordnet ist. Die beiden Reihen $f_{n-1}(u:\beta)$ und $q_{n-1}(v:\gamma)$ haben im allgemeinen gebrochene Koeffizienten und Glieder in gebrochenen Zahlen. Enthalten jedoch die ursprünglichen Koeffizienten der Reihen immer der Potenz der Variablen entsprechende Potenzen von β bzw. γ, so stellen sie ganzzahlige Reihen dar, welche sich auch auf die Form $F_{n-1}(\beta x)$ und $\Phi_{n-1}(\gamma y)$ bringen lassen, so daß dann Gleichung (3) die Form

(6) $\quad a(\beta x)^n + F_{n-1}(\beta x) - a(\gamma y)^n - \Phi_{n-1}(\gamma y) = k$

annimmt, welche mit (1) vollkommen äquivalent ist. Substituieren wir jetzt

$$\gamma y = \beta x + v,$$

so ergibt sich

(7) $\quad F_{n-1}(\beta x) - a\,[n(\beta x)^{n-1} v + \ldots + v^n] - \Phi_{n-1}(\beta x + v) = k$.

Die Gleichungen (3) und (7) stellen mit (1) äquivalente Gleichungen $n-1$-ten Grades, n-ter Ordnung dar. — Eine homonome Gleichung, welche sich auf eine der beiden Arten auf eine Gleichung niederen Grades zurückführen läßt, nennen wir reduzierbar. Die reduzierte Gleichung ist, obgleich sie in bezug auf die eine Variable von anderer Ordnung als in bezug auf die andere ist, doch nicht als heteronome Gleichung im oben (§ 56) definierten Sinne aufzufassen, die immer aus zwei gesonderten Reihen verschiedener Ordnung bestehen müssen. Sie hat dieselbe Restreihe wie eine homonome Gleichung und daher ganz den Charakter dieser. — Man unterscheidet zweckmäßig die durch Reduktion und andere Transformationen entstandene Gleichungen mit Posten, welche zwei Veränderliche enthalten, als Gleichungen mit kombinierten Posten von den Gleichungen mit einfachen Posten.

§ 62. Klassen lösbarer Gleichungen.

1. Denken wir uns in irgend eine Form einer arithmetischen Reihe $F(u)$ für u die Reihen erster Ordnung $a_1 x + b_1$ und $a_2 y + b_2$ substituiert und die beiden so erhaltenen Reihen einander gleichgesetzt, so hat die Gleichung

(1) $\quad\quad\quad\quad F(a_1 x + b_1) = F(a_2 y + b_2)$

offenbar dieselben Lösungen wie die Gleichung ersten Grades

(2) $$a_1 x + b_1 = a_2 y + b_2.$$

Ist nun eine Gleichung so wie (1) entstanden, so ist sie in der Art b des vorigen Paragraphen reduzierbar, und zwar durch die Substitution

$$a_2 y = a_1 x + v.$$

Die aus dieser Substitution hervorgegangene Gleichung

$$F(x, v) = 0$$

hat dann die Eigenschaft, für einen bestimmten Wert von v durch jeden beliebigen Wert von x erfüllt zu werden. Ist b dieser Wert von v, so sind alle Lösungen der Gleichung

(3) $$a_2 y - a_1 x = b$$

auch Lösungen der wie (1) entstandenen Gleichung.

II. Eine Gleichung von der Form

(4) $$a \binom{x+n-1}{n} - A \binom{y+n-1}{n} = k$$

ist, wenn $a = \alpha^n A$ ist und k den Faktor A besitzt, entweder lösbar oder es läßt sich ihre Unlösbarkeit nachweisen. Ist $k = A \varkappa$, so läßt sich die Gleichung auf die Form

(5) $$\alpha^n \binom{x+n-1}{n} - \binom{y+n-1}{n} = \varkappa$$

bringen. Diese Gleichung nun läßt sich nach der Art a des vorigen Paragraphen durch die Substitution $y = \alpha x + v$ immer auf eine Reihe $n-1$-ten Grades reduzieren, deren Restreihe eine sehr einfache Form hat.

Die allgemeine Lösung der Gleichungen von der Form (5) erfordert eine allgemeine Form der Entwicklung von $\binom{\alpha x}{p}$ nach einfachen Formanten. Da nun in § 17 diese Entwicklung nur für die Werte $p = 2, 3, 4, 5$ gegeben ist, müssen wir auch hier uns begnügen, die Methode an der Gleichung (5) für $n = 2$ und $n = 3$ als an Beispielen durchzuführen; doch zeigt sich an diesen die Allgemeinheit der Methode.

Die Form der Restreihe zweiter Ordnung $a\binom{x+1}{2} - A\binom{y+1}{2}$ geht durch die Substitution $y = \alpha x + v$ allgemein über in

$$(a - \alpha^2 A)\binom{x}{2} + \left(a - \binom{\alpha+1}{2}A\right)\binom{x}{1} - A\left[\left\{\alpha\binom{x}{1} + 1\right\}\binom{v}{1} + \binom{v}{2}\right].$$

Ist nun $a - \alpha^2 A = 0$, so ergibt sich unter Weglassung des Faktors A die Form

(6) $$\binom{\alpha}{2}\binom{x}{1} - \left[\left\{\alpha\binom{x}{1} + 1\right\}\binom{v}{1} + \binom{v}{2}\right].$$

Soll nun diese einen Rest darstellen, so muß sie für den betreffenden Term kleiner als die Differenz der Modulreihe $a\binom{x}{1}+1+\binom{v}{1}$ sein, woraus die Bedingung

(7) $\qquad \binom{\alpha}{2}\binom{x}{1} < \left(a\binom{x}{1}+1\right)\binom{v+1}{1}+\binom{v+2}{1}$

entsteht.

Diese Bedingung aber ist für jeden Wert von x bei einem bestimmten Wert von v, welcher von dem von a abhängt, erfüllbar. Die Reihe der Reste (6) ist dann eine arithmetische Reihe erster Ordnung, besteht also aus einer einzigen Staffel von unendlicher Länge. Nur für $x=0$ ist unabhängig vom Wert von a immer $v=0$, so daß hier eine Verwerfung in der Restreihe stattfindet. Die Formen der Restreihen sind folgende:

Für $a=2$ bei $v=0$ ist sie $\binom{x}{1}$

„ $a=3$ „ $v=0$ „ „ $3\binom{x}{1}$

„ $a=4$ „ $v=1$ „ „ $2\binom{x}{1}-1$

„ $a=5$ „ $v=1$ „ „ $5\binom{x}{1}-1$

„ $a=6$ „ $v=2$ „ „ $3\binom{x}{1}-3$

usw.

In analoger Weise ergibt sich aus der Form der Restreihe dritter Ordnung $a\binom{x+2}{3}-A\binom{y+2}{3}$ durch die Substitution $y=ax+v$ die allgemeine Form

$(a-a^3A)\binom{x}{3}+2\left(a-A\binom{\alpha}{1}\binom{\alpha}{2}-Aa^2\right)\binom{x}{2}+\left(a-A\binom{\alpha+2}{3}\right)\binom{x}{1}$

$-A\left[\left(a^2\binom{x}{2}+\left(\binom{\alpha+2}{2}-1\right)\binom{x}{1}+1\right)\binom{v}{1}+\left(a\binom{x}{1}+2\right)\binom{v}{2}+\binom{v}{3}\right].$

Ist $a-a^3A=0$, so geht sie unter Weglassung des Faktors A über in

(8) $\quad 2\binom{\alpha}{1}\binom{\alpha}{2}\binom{x}{2}+\left(5\binom{\alpha}{3}+4\binom{\alpha}{2}\right)\binom{x}{1}$

$\qquad -\left[a^2\binom{x}{2}+\left(\binom{\alpha+2}{2}-1\right)\binom{x}{1}+1\right]\binom{v}{1}-\left[a\binom{x}{1}+2\right]\binom{v}{2}-\binom{v}{3}.$

Die Bedingung, daß diese Form einen Rest darstellt, ist analog (7)

(9) $\quad 2\binom{\alpha}{1}\binom{\alpha}{2}\binom{x}{2}+\left(5\binom{\alpha}{3}+4\binom{\alpha}{2}\right)\binom{x}{1}$

$\qquad < \left[a^2\binom{x}{2}+\left(\binom{\alpha+2}{2}-1\right)\binom{x}{1}+1\right]\binom{v+1}{1}+\left[a\binom{x}{1}+2\right]\binom{v+1}{2}+\binom{v+1}{3}.$

Die Bedingung ist bei bestimmtem a und einem von a abhängigen Wert von v für alle Werte von x erfüllt, so daß die Restreihe (8) eine arithmetische Reihe zweiter Ordnung darstellt mit einziger Unterbrechung für $x=0$, wo allgemein $v=0$. Die Formen der Restreihen sind folgende:

Für $a=2$ bei $v=0$ ist sie $4\binom{x+1}{2}$

,, $a=3$,, $v=1$,, ,, $9\binom{x}{2}+8\binom{x}{1}-1$

,, $a=4$,, $v=2$,, ,, $16\binom{x}{2}+12\binom{x}{1}-4$

usw.

Die Gleichung (4) ist also nur dann lösbar, wenn $\varkappa$ ein Glied der entsprechenden Restreihe ist, sonst nicht. Insbesondere ist die Gleichung

(10) $\qquad a^2\binom{x+1}{2}-\binom{y+1}{2}=\varkappa$

lösbar, wenn $a=2$, bei jedem beliebigen Wert von $\varkappa$, wenn $a=3$ und $\varkappa$ ein Vielfaches von 3, wenn $a=4$ und $\varkappa$ ein Glied der Reihe $2x-1$, also eine ungerade Zahl ist, usw. — Ebenso ist die Gleichung

(11) $\qquad a^3\binom{x+2}{3}-\binom{y+2}{3}=\varkappa$

nur lösbar, wenn $a=2$ und $\varkappa$ ein Glied der Reihe $4\binom{x+1}{2}$, wenn $a=3$ und $\varkappa$ ein Glied der Reihe $9\binom{x}{2}+8\binom{x}{1}-1$, usw.

Die Lösung aber ergibt sich aus der Lösung der Gleichung $R(x)=\varkappa$, wo $R(x)$ die der Reihengleichung und dem Werte von a entsprechende Restform ist. Hat diese Gleichung mehrere Lösungen, so hat es auch die Reihengleichung. Außerdem gehört bei einer Gleichung von gerader Ordnung zu jeder Lösung von $R(x)=\varkappa$ wegen der Symmetrie der Reihenformen eine Gruppe von vier Lösungen. Ist nämlich eine Lösung 1. x_1, y_1, so sind auch 2. $-x_1-n+1, -y_1-n+1$, 3. $-x, -n+1, y_1$ und 4. $x_1, -y_1-n+1$ Lösungen. Ist dagegen die Gleichung von ungerader Ordnung, so bilden die Lösungen nur Paare. Die Lösungen 1 und 2 gehören derselben Gleichung an, 3 und 4 dagegen einer Gleichung mit inversem Wert von $\varkappa$.

III. Jede Gleichung von der Form

(12) $\qquad \binom{x}{m}-\binom{y}{n}=0$

hat die Lösung $x=m+n, y=m+n$ wegen des Reversionsgesetzes (§ 4, 4). Zu dieser kommen, wenn m und n beide gerade Zahlen sind, drei weitere Lösungen entsprechend der obigen Gruppe. Sind beide ungerade, so gibt es nur Lösungspaare.

Die obige Lösung von (12) mit ihren Gruppenlösungen braucht jedoch nicht die einzige Lösung der Gleichung zu sein. So hat die Gleichung $\binom{x}{3}-\binom{y}{2}=0$ die Lösungen

$x=\quad 36,\quad 22,\quad 10,\quad 5,\quad 3, 2, 1, 0, 0, 1, 2, 3, 5, 10, 22,\quad 36$
$y=-119, -55, -15, -4, -1, 0, 0, 0, 1, 1, 1, 2, 5, 16, 56, 120.$

§ 63. Die Ableitung neuer Lösungen einer Gleichung aus einer gegebenen.

Ist der Grad einer homonomen Gleichung gerade, so bilden ihre Lösungen Gruppen von je zweien, wenn eine der beiden Reihen symmetrisch ist, von je vieren, wenn beide symmetrisch sind. Ist die Gleichung

(1) $$f(x) - \varphi(y) = k$$

und bezeichnen wir im Falle der Symmetrie einer Reihe die beiden symmetrischen Terme gleicher Glieder mit x und x' bzw. y und y', so folgt,

wenn $f(x)$ symmetrisch ist, aus der Lösung x_1, y_1 die entsprechende x_1', y_1,

„ $\varphi(y)$ „ „ „ „ „ x_1, y_1 „ „ x_1, y_1',

und wenn beide Reihen symmetrisch sind, aus x_1, y_1 die drei Lösungen x_1', y_1, x_1, y_1', x_1', y_1'.

Ist der Grad einer homonomen Gleichung ungerade, so bilden ihre Lösungen Gruppen von je zweien, jedoch nur, wenn beide Reihen symmetrisch sind und außerdem die Gleichung eine Nullgleichung, also von der Form

(2) $$f(x) - \varphi(y) = 0$$

ist.

Die zu einer Gruppe gehörigen Lösungen lassen sich, wenn das Symmetrieverhältnis bekannt ist, einfach auseinander ableiten. Es genügt, bei Gleichungen mit Lösungsgruppen einen Repräsentanten jeder Gruppe zu kennen, um alle Lösungen bilden zu können. Die auf diese Art aus einer Lösung einer Gruppe abgeleitete Lösung betrachten wir daher nicht als wesentlich neue Lösung.

Es gibt aber auch zahlreiche Fälle, in denen man mit Hilfe von Lösungsgruppen nicht zur Gruppe gehörige, also wesentlich neue Lösungen ableiten kann. Es dient dazu die folgende Methode:

Ist eine Lösung der Gleichung x_1, y_1 gegeben, so transformiert man zunächst die Gleichung durch die Substitution $x = u + x_1$, $y = v + y_1$ so, daß die neue Gleichung durch die Werte $u = 0$, $v = 0$ erfüllt werde. Die so transformierte Gleichung (1) oder (2) sei

(3) $$f_1(u) - \varphi_1(v) = 0.$$

Der Grad der Gleichung sei nun gerade. Ist dann $f(x)$ symmetrisch, so ist eine zweite Lösung von (1) x_1', y_1 und die entsprechende Lösung von (3) $u' = x_1' - x_1$, $v = 0$. Um nun zu einer wesentlich neuen Lösung überzugehen, setzen wir $u = v + w$, wo w eine neue Variable bedeutet. Die Gleichung

(4) $$f_1(v + w) - \varphi_1(v) = 0$$

ist dann erfüllt durch $w = u' = x_1' - x_1$. Setzen wir diesen Wert für w in (4) ein, so entsteht die Gleichung

(5) $$f_1(v + x_1' - x_1) - \varphi_1(v) = 0,$$

welche die Lösung $v_1 = 0$ hat, aber als Gleichung höheren Grades außerdem noch andere Lösungen haben kann. Hat sie eine zweite rationale Lösung v_2, so ist damit eine neue Lösung von (1) gefunden, denn es ist dann $u_2 = v_2 + w = v_2 + x_1' = x_1$ und darum

(6) $\qquad x_2 = v_2 + x_1', \quad y_2 = v_2.$

Da die Gleichung (5) die Lösung $v = 0$ hat, so läßt sich ihre linke Seite immer in ein Produkt von v und einer Form $F(v)$ von um 1 niederem Grade als die gegebene Reihengleichung zerlegen und die Gleichung (5) also auf $F(v) = 0$ reduzieren.

Der Grad der Gleichung sei ungerade. Es müssen dann $f(x)$ und $\varphi(y)$ symmetrisch sein und die zweite Lösung von (2) ist x_1', y_1'. Die entsprechende Lösung von (3) ist dann $u' = x_1' - x_1$, $v' = y_1' - y_1$. Setzen wir nun wieder in (3) $u = v + w$ und in die entstehende Gleichung (4) $w = x_1' - x_1 - (y_1' - y_1)$, so entsteht die Gleichung

(7) $\qquad f_1(v + x_1' - x_1 - (y_1' - y_1)) - \varphi_1(v) = 0.$

Sie hat ihrer Entstehung nach eine Lösung $v_1 = y_1' - y_1$, kann aber außerdem als Gleichung höheren Grades noch weitere Lösungen haben. Ist darunter eine rationale Lösung v_2, so ist entsprechend $u_2 = v_2 + w = v_2 + x_1' - x_1 - (y_1' - y_1)$ und damit eine zweite Lösung von (3) sowie von (2), nämlich

(8) $\qquad x_2 = v_2 + x_1' - (y_1' - y_1), \quad y_2 = v_2 + y_1$

gefunden.

In beiden Fällen hängt also die Auffindbarkeit einer wesentlich neuen Lösung — nicht deren Existenz — von der Art der Lösung der Gleichung (5) bzw. (7) ab. Wir nennen daher diese Gleichung die Dezernente der Reihengleichung. Man kann ihr, indem man statt $u = v + w$, $v = u + w$ substituiert, sowie indem man in (4) für v statt für w den Wert einsetzt und so eine Gleichung mit der Unbekannten w bildet, mancherlei verschiedene Gestalt geben; doch ist die oben gewählte im allgemeinen die auf dem kürzesten Wege zum Ziele führende.

Als Beispiel für eine Gleichung geraden Grades diene $5\binom{x}{2} - 2\binom{y}{2} = 0$. Sie hat die Lösung $x_1 = 4$, $y_1 = 6$. Wir setzen daher $x = u + 4$, $y = v + 6$, wodurch die Gleichung in $5\binom{u}{2} + 20\binom{u}{1} - 2\binom{v}{2} - 12\binom{v}{1} = 0$ übergeht. Da eine zweite Lösung derselben Gruppe $x' = -3$, $y = 6$ bzw. $u' = -7$, $v = 0$ ist, so ergibt sich, wenn $u = v + w$ und hierin $w = -7$ gesetzt wird, die Dezernente $3\binom{v}{2} - 27\binom{v}{1} = 0$, welche außer $v_1 = 0$ die Lösung $v_2 = 19$ hat. Ihr entspricht $u_2 = 19 - 7 = 12$. Die entsprechenden Lösungen der gegebenen Gleichung aber sind dann $x_2 = 16$, $y_2 = 25$. Machen wir sie zum Ausgangspunkt einer neuen Lösung, indem wir nunmehr $x = u + 16$, $y = v + 25$ setzen, so ergibt sich in gleicher Weise mit Hilfe der Lösung $x' = -15$, $y = 25$ bzw. $u' = -31$,

$v = 0$ die Dezernente $3\binom{v}{2} - 125\binom{v}{1} = 0$. Sie hat außer $v_1 = 0$ die Lösung $v_2 = \frac{253}{3}$, der $u_2 = \frac{160}{3}$ entspricht. Somit ist eine weitere Lösung der gegebenen Gleichung $x_2 = 69^1/_3$, $y_2 = 109^1/_3$, die wieder zur Auffindung einer neuen Lösung dienen könnte.

Versucht man nun die Methode auf Gleichungen höherer Grade anzuwenden, so ergeben sich in der Regel[1]) durch sie keine neuen Lösungen, selbst da, wo tatsächlich weitere rationale Lösungen vorhanden sind. Es seien zum Beweis dessen hier zwei Gleichungen höheren Grades behandelt.

Die Gleichung 4. Grades $2\binom{x}{4} - \binom{y}{4} = 0$ hat die Lösung $x = 3$, $y = 3$. Setzen wir $x = u + 3$, $y = v + 3$, so entsteht die Form $2\binom{u+3}{4} - \binom{v+3}{4} = 0$, welche die Lösung $u = 0$, $v = 0$, aber auch, $x = 0$, $y = 3$ entsprechend, die Lösung $u = -3$, $v = 0$ hat. Wird $u = v + w$ gesetzt, so ist $w = -3$, $v = 0$ eine Lösung von $2\binom{v+w+3}{4} - \binom{v+3}{4} = 0$. Für $w = -3$ entsteht hieraus die Dezernente $2\binom{v}{4} - \binom{v+3}{4} = 0$ oder $\binom{v}{4} - 3\binom{v}{3} - 3\binom{v}{2} - \binom{v}{1} = 0$, aus der, nach Entfernung des Faktors v, $\binom{v}{3} - 5\binom{v}{2} - 3\binom{v}{1} - 1 = 0$ hervorgeht. Diese Gleichung hat aber keine rationalen Lösungen. Und dabei besitzt die gegebene Gleichung außer den Gruppen von $x_1 = 3$, $y_1 = 3$, $x_2 = 2$, $y_2 = 2$ noch die rationale Lösung $x_3 = 7$, $y_3 = 8$ als Repräsentant einer neuen Gruppe.

Ebenso hat auch die Gleichung 3. Grades

$$120\binom{x}{3} + 60\binom{x}{2} + 24\binom{x}{1} - 12 - 3\binom{y}{3} = 0$$

oder in Polynomform

$$40x^3 - 60x^2 + 68x - 24 - y^3 + 3y^2 - 2y = 0$$

zwei Gruppen rationaler Lösungen, nämlich

1. $x_1 = 0$, $y_1 = -2$, $x_1' = 1$, $y_1' = 4$
2. $x_2 = -2$, $y_2 = -8$, $x_2' = 3$, $y_2' = 10$.

Bildet man aber auf Grund der ersten Lösung der ersten Gruppe die Dezernente, so ergibt sich als solche die Gleichung $39u^3 - 66u^2 + 57u - 30 = 0$, welche außer $u = 1$ keine reellen Lösungen hat.

---

[1]) Wenigstens ist es mir nicht gelungen, eine Gleichung dritten oder vierten Grades zu finden, auf welche angewandt die Methode zum Ziele geführt hätte. Anderseits liegt auch kein Grund vor, weshalb die Methode nicht auf Gleichungen von höherem als zweitem Grade anwendbar sein sollte. — Allgemein ist zu bemerken, daß die Wahrscheinlichkeit rationaler Lösungen, je höher der Grad einer Gleichung ist, denn die Bedingungen rationaler Lösbarkeit werden immer komplizierter. Außerdem gilt für Gleichungen höhern als zweiten Grades kein Satz analog dem in § 64, der von der Existenz einer rationalen Lösung auf die anderer rationaler Lösungen schließen ließe.

§ 64. Die Fundamentalgleichungen zweiten Grades.

Jede Reihengleichungen zweiten Grades, deren eine Reihe symmetrisch ist, hat immer zu jeder rationalen Lösung eine zweite. Denn die Form ihrer Dezernente zerfällt immer in zwei Faktoren ersten Grades, von denen der eine eine wesentlich neue Lösung liefert. Da nun jede neue Lösung wieder als Ausgangspunkt für eine weitere Lösung benutzt werden kann, so ergibt sich eine endlose Reihe neuer Lösungen. Da diese, wie zu zeigen sein wird, keinen Zyklus bilden, sondern fortschreitend wesentlich neue Lösungen entstehen, so gilt der allgemeine Satz:

Eine Reihengleichung zweiten Grades hat, wenn überhaupt, unendlich viele rationale Lösungen.

Verlangt man nicht bloß rationale, sondern ganzzahlige Lösungen, so genügt nicht die Existenz einer ganzzahligen Lösung, um die weiterer ganzzahliger zu gewährleisten. Es muß vielmehr noch die weitere Bedingung erfüllt sein, daß die Form der jeweiligen Dezernente eine symmetrische Reihe sei; denn nur dann kann sie zwei gleiche Glieder (Nullglieder) besitzen (§ 22). Soll also eine Reihengleichung unendlich viele ganzzahlige Lösungen haben, so muß sie, außer den Bedingungen für rationale Lösungen, noch die erfüllen, daß ihre sämtlichen Dezernenten symmetrische Reihen besitzen.

Nun kennen wir die allgemeinen Formen der symmetrischen Reihen zweiten Grades. Sie sind für

paarig symmetrische Reihen $A \binom{y}{2} + B$

unpaarig symmetrische Reihen $Ay^2 + B$.

Wir wollen nun, indem wir $B = 0$ setzen bzw. es dem gemeinsamen unveränderlichen Posten der Gleichung zurechnen, die Reihen $A\binom{y}{2}$ bzw. Ay^2 als **Modulreihe** betrachten, während wir der **gemessenen Reihe** die allgemeine Form $a\binom{x}{2} + b\binom{x}{1} + c$ geben. Die allgemeinen Formen der Gleichungen zweiten Grades, welche unendlich viele rationale Lösungen haben, wenn sie deren eine besitzen, sind also

(1) $\qquad a\binom{x}{2} + b\binom{x}{1} + c - A\binom{y}{2} = 0$

(2) $\qquad ax^2 + bx + c - Ay^2 = 0$.

Diesen bedingungsweise lösbaren Gleichungen sind jedoch ein Paar unbedingt lösbare Gleichungen voraufzuschicken, deren Lösungen der aller übrigen Gleichungen als Grundlage dienen und die wir daher die **Grund- oder Fundamentalgleichungen zweiten Grades** nennen. Wir erhalten sie aus den allgemeinen Gleichungen, wenn wir c einem Gliede der Modulreihe gleich setzen, also in (1) $c = A\binom{y}{2}$ in (2) $c = Ay^2$ machen.

Die Fundamentalgleichungen sind dann also:

(I) $$a\binom{x}{2} + b\binom{x}{1} + A\binom{y}{2} - A\binom{y}{2} = 0$$

(II) $$ax^2 + bx + Ay^2 - Ay^2 = 0.$$

Sie haben die unmittelbar erkennbare und darum als die selbstverständliche bezeichnete Lösung $x_0 = 0$, $y_0 = \gamma$, die vom Wert von a und b vollständig unabhängig ist. Als zweite zur gleichen Gruppe gehörige Lösung hat die Gleichung (I) die Lösung $x_0 = 0$, $y_0' = -\gamma + 1$, die Gleichung (II) die Lösung $x_0 = 0$, $y_0' = -\gamma$. Damit die Gleichung (II) wirklich zwei Lösungen in der ersten Gruppe habe, ist jedoch notwendig, daß γ von 0 verschieden sei, weil sonst wegen der unpaarigen Symmetrie von y^2 die Lösung $y = 0$ nur sich selbst entspricht. In (I) dagegen kann auch $\gamma = 0$ sein, die Gleichung also die Form $a\binom{x}{2} + b\binom{x}{1} - A\binom{y}{2} = 0$ annehmen.

Aus der ersten fundamentalen Lösungsgruppe lassen sich nun alle übrigen Lösungen der Gleichungen nach der Rekursionsmethode ableiten und die allgemeinen Formen der Lösungen angeben. Zur Erlangung einer allgemeinen Rekursionsformel gehen wir jedoch nicht von der fundamentalen Gruppe, sondern von einer beliebigen Lösung x_n, y_n aus.

1. Wir substituieren also in Gleichung (I)
$$x = u + x_n, \quad y = v + y_n,$$
wodurch sie die Lösungen
$$u = 0, \quad v = 0 \quad \text{und} \quad u = 0, \quad v = -2y_n + 1$$
bekommt, und wenn wir weiter $v = u + w$ setzen, die Lösungen $u = 0$, $w = -2y_n + 1$. Daraus aber ergibt sich die Dezernente:

$$a\binom{u+x_n}{2} + b\binom{u+x_n}{1} + A\binom{v}{2} - A\binom{u-y_n+1}{2} = 0$$

oder

$$(a - A)\binom{u}{2} + (ax_n + b + A[y_n - 1])\binom{u}{1} = 0,$$

woraus sich

$$u = \frac{a(2x_n - 1) + 2b + A(2y_n - 1)}{A - a}$$

ergibt.

Aus $v = u + w$ entsteht
$$v = \frac{2[a(x_n - y_n - 1) + b]}{A - a}$$

und endlich

(Ir)
$$x_{n+1} = u + x_n = \frac{(A-a)x_n - a - 2b + A(2y_n - 1)}{A - a}$$
$$y_{n+1} = v + y_n = \frac{2a(x_n - 1) + 2b + (A + a)y_n}{A - a}$$

als Rekursionsformeln.

Da $x_0 = 0$, $y_0 = \gamma$, so ergibt sich hieraus

$$x_1 = \frac{-a + 2b + A(2\gamma - 1)}{A - a}, \quad y_1 = \frac{-2a + 2b + (A + a)\gamma}{A - a}.$$

Im allgemeinen sind hiernach die Lösungen gebrochene Zahlen. Ob sie ganze Zahlen sind, hängt vom jeweiligen Wert von x_n und y_n ab. Unabhängig von x_n und y_n, also allgemein sind es ganze Zahlen, wenn $2a$ und $2b$ Vielfache von $A - a$ sind; denn es sind dann v und damit auch u, x_{n+1} und y_{n+1} ganze Zahlen. Insbesondere sind sämtliche Lösungen ganze Zahlen für $A - a = \pm 1$ und $A - a = \pm 2$, einerlei, was b für einen Wert hat. Die meisten Gleichungen haben beides, gebrochene und ganzzahlige Lösungen.

2. Die Gleichung (II) ist eine Verallgemeinerung der sogenannten **Pellschen Gleichung**, die aus ihr hervorgeht, wenn $A = 1$, $\gamma = 1$ und $b = 0$ ist. — Wir behandeln sie wie (I), indem wir

$$x = u + x_n, \quad y = v + y_n$$

substituieren. Die transformierte Gleichung hat dann die Lösungen

$$u = 0, \quad v = 0 \quad \text{und} \quad u = 0, \quad v = -2y_n.$$

Ist $v = u + w$, so ist $w = -2y_n$. Die Dezernente hat die Form

$$a(u + x_n)^2 + b(u + x_n) + A\gamma^2 - A(u - y_n)^2 = 0$$

oder

$$(a - A)u^2 + (2ax_n + b + 2Ay_n)u = 0,$$

woraus

$$u = \frac{2ax_n + b + 2Ay_n}{A - a}$$

hervorgeht. Entsprechend ist

$$v = \frac{2a(x_n + y_n) + b}{A - a}$$

und daher gelten die **Rekursionsformeln**

(IIr) $\quad x_{n+1} = \dfrac{(A + a)x_n + b + 2Ay_n}{A - a}, \quad y_{n+1} = \dfrac{2ax_n + b + (A + a)y_n}{A - a}$.

Die Lösungen sind unabhängig von x_n und y_n, d. h. allgemein ganze Zahlen, wenn $A - a = \pm 1$, einerlei welchen Wert b habe. Ist $b = 0$, wie in der Pellschen Gleichung, so sind auch, wenn $A - a = \pm 2$, alle Lösungen ganzzahlig. Sonst muß $2a$ und b ein Vielfaches von $A - a$ sein. Im allgemeinen sind die Lösungen wechselnd gebrochen und ganzzahlig. Die ersten von 0 und γ verschiedenen Lösungen sind

$$x_1 = \frac{b + 2A\gamma}{A - a}, \quad y_1 = \frac{\gamma(A + a) + b}{A - a}.$$

Als Beispiel diene die Pellsche Gleichung

$$5x^2 + 1 - y^2 = 0.$$

Ihre ersten Lösungen sind:

$$x_0 = 0, \quad y_0 = 1, \quad x_1 = \frac{1}{2}, \quad y_1 = \frac{3}{2}, \quad x_2 = \frac{3}{2}, \quad y_2 = \frac{7}{2},$$

$$x_3 = 4, \quad y_3 = 9, \quad x_4 = \frac{21}{2}, \quad y_4 = \frac{47}{2}, \quad \text{usw.}$$

Die gewöhnlichen Lösungsmethoden, welche nur auf die Bestimmung der ganzzahligen Lösungen ausgehen, bezeichnen die vierte Lösung als die Fundamentallösung. Die Beschränkung auf ganzzahlige Lösungen hat zu dem Irrtum Anlaß gegeben, daß die selbstverständliche Lösung nicht hinreiche, um neue Lösungen abzuleiten, während sie die eigentliche Fundamentallösung ist.

§ 65. Die allgemeine Gleichung zweiten Grades.

Die allgemeine Gleichung zweiten Grades zweiter Ordnung läßt sich in der Form

(1) $$a\binom{x}{2} + b\binom{x}{1} - A\binom{z}{2} - B\binom{z}{1} = k$$

oder in der Form

(2) $$a'x^2 + b'x - A'z^2 - B'z = k$$

darstellen, wo die Koeffizienten in folgenden Beziehungen zueinander stehen:

$$a = 2a', \quad b = a' + b', \quad A = 2A', \quad B = A' + B'$$

$$a' = \frac{a}{2}, \quad b' = \frac{2b-a}{2}, \quad A' = \frac{A}{2}, \quad B' = \frac{2B-A}{2}$$

Ist nun B ein Vielfaches von A, und zwar $B = +A\gamma$ oder, was dasselbe, $B' = +A'(2\gamma+1)$, so kann man, da

$$\binom{z}{2} + \gamma\binom{z}{1} = \binom{z}{2} + \binom{\gamma}{1}\binom{z}{1} + \binom{\gamma}{2} - \binom{\gamma}{2} = \binom{z+\gamma}{2} - \binom{\gamma}{2}$$

und

$$\binom{z}{2} - \gamma\binom{z}{1} = \binom{z}{2} - \binom{\gamma}{1}\binom{z}{1} + \binom{\gamma+1}{2} - \binom{\gamma+1}{2} = \binom{z-\gamma}{2} - \binom{\gamma+1}{2},$$

die Gleichung (1) umformen in

(3a) $$a\binom{x}{1} + b\binom{x}{1} + A\binom{z}{2} - A\binom{y}{2} = k,$$

wo $y = z + \gamma$, oder in

(3b) $$a\binom{x}{2} + b\binom{x}{1} + A\binom{z+1}{2} - A\binom{y}{2} = k,$$

wo $y = z - \gamma$ ist.

Ist dagegen B' ein Vielfaches von $2A'$, und zwar $B' = +A'2\gamma$ oder, was dasselbe, $2B = A(2\gamma+1)$, so kann man nach bekannter Methode die Gleichung (2) umformen in

(4) $$ax^2 + bx + A'y^2 - A'y^2 = k,$$

wo $y = z + \gamma$ ist.

In diesem Falle muß A eine gerade Zahl sein.

Je nachdem die eine oder die andere Bedingung zutrifft, wählt man die entsprechende Gleichungsform. — Hat nun die Gleichung (3a, b) oder (4) ganzzahlige Lösungen, so hat es auch die Gleichung (1) oder (2).

Ist keine von beiden Bedingungen erfüllt, so nimmt man mit den Gleichungen (1) und (2) folgende Umformungen vor.

Ist $A = \alpha C$, $B = \beta C$, wo C der größte gemeinsame Faktor von A und B, und ist α eine ungerade Zahl, so multipliziert man (1) mit α und transformiert

$$\alpha\left(A\binom{z}{2}+B\binom{z}{1}\right)+C\left(\alpha^2\binom{z}{2}+\alpha\beta\binom{z}{1}\right)$$

mit Hilfe von $\binom{\alpha z}{2}=\alpha^2\binom{z}{2}+\binom{\alpha}{2}\binom{z}{1}$ in

$$C\left(\binom{\alpha z}{2}+\left(\beta-\frac{\alpha-1}{2}\right)\binom{\alpha z}{1}\right),$$

wo $\beta-\frac{\alpha-1}{2}$ eine ganze Zahl. Die Gleichung (1) hat dann die Form

$$\alpha a\binom{x}{2}+\alpha b\binom{x}{1}-C\binom{\alpha z}{2}-\left(\beta-\frac{\alpha-1}{2}\right)C\binom{\alpha z}{1}=\alpha k,$$

welche die erste Bedingung erfüllt, indem $\gamma=\beta-\frac{\alpha-1}{2}$ ist. Durch die Substitution $y=\alpha z+\gamma$ wird sie auf die Form (3a, b) gebracht.

Ist dagegen α eine gerade Zahl, so ist $A'=\frac{\alpha}{2}C$, $B'=\frac{2\beta-\alpha}{2}C$, und C der größte gemeinsame Faktor von A' und B'. Wir bezeichnen dann $\frac{\alpha}{2}$ mit α' und $\frac{2\beta-\alpha}{2}$ mit β' und multiplizieren die Gleichung (2) mit $4\alpha'$, wodurch sie in

$$4\alpha'a'x^2+4\alpha'b'x-C(2\alpha'z)^2-2\beta'C(2\alpha'z)=4\alpha'k$$

übergeht, welche die zweite Bedingung erfüllt, indem $\gamma=\beta'$ ist. Durch die Substitution $y=2\alpha'z+\gamma$ wird sie auf die Form (4) gebracht.

In diesen Fällen entsprechen ganzzahligen Lösungen in y im allgemeinen nicht ganzzahlige aber jedenfalls rationale Lösungen in z.

Man kann also jede Gleichung zweiten Grades auf eine der Formen

(5) $$a\binom{x}{2}+b\binom{x}{1}+A\binom{y}{2}-A\binom{y}{1}=k$$
(6) $$ax^2+bx+Ay^2-Ay=k$$

bringen, deren linke Seiten oder Restreihen identisch sind mit den Restreihen der Fundamentalgleichungen. Kennen wir diese, so besitzen wir alles, was zur Lösung der allgemeinen Gleichung zweiten Grades zweiter Ordnung erforderlich ist.

Die Lösung der Fundamentalgleichungen liefert uns jedoch nur die Nullglieder der Restreihe, also die Stellen, welche die Restreihe in Abschnitte zerlegen. Was die übrigen, von 0 verschiedenen Glieder der Restreihe, welche die Abschnitte bilden, betrifft, so ist die Hauptfrage die, ob die Reihen revolvent sind oder nicht. Die allgemeine Bedingung der Revolvenz ist jedoch noch nicht gefunden.

§ 66. Die Beurteilung der Lösbarkeit der Reihengleichungen.

Die Beurteilung der Lösbarkeit einer Gleichung von der Form

$$f(x) - \varphi(y) = k$$

ist identisch mit der Beantwortung der Frage, ob unter den Resten der Reihe $f(x) - \varphi(y)$ sich die Größe k findet oder nicht. Drei Methoden zur Entscheidung dieser Frage haben wir bisher kennen gelernt.

Bei allen Reihen erster Ordnung bildeten die Reste **Perioden von endlicher Gliederzahl**. Es ist also möglich, alle Reste einzeln aufzuzählen und festzustellen, ob die Konstante k der Gleichung zu ihnen gehört oder nicht.

In einem anderen Falle (§ 62 II) bildeten die Reste **arithmetische Reihen**. Auch dann war es nicht schwer zu bestimmen, ob k zu den Resten gehöre oder nicht.

In einem dritten Falle bildeten die Reste **revolvente Perioden mit wachsender Gliederzahl**. Die Anzahl der Reste ist dann unendlich, was natürlich die Feststellung, ob eine Zahl Rest ist oder nicht, sehr erschwert. Doch auch in diesem Falle gibt es ein Mittel, zu beurteilen, ob eine Zahl k der Restreihe angehört oder nicht. **Es gibt nämlich immer eine Periode, deren erste Glieder größer als die Zahl k sind, der diese Zahl angehören muß**, wenn sie überhaupt der Restreihe angehören soll; da alle folgenden Perioden nur Wiederholungen der Zahlen der vorhergehenden oder Zahlen bringen, welche größer als die gegebene Zahl sind. So sind die Gleichungen $2\left(\frac{x}{2}\right) - \left(\frac{y}{2}\right) = 4$, $2\left(\frac{x}{2}\right) - \left(\frac{y}{2}\right) = 7$, $2\left(\frac{x}{2}\right) - \left(\frac{y}{2}\right) = 8$ unlösbar, weil die Reste 4, 7, 8 bis zur vierten Revolvenzperiode der Restreihe $2\left(\frac{x}{2}\right) - \left(\frac{y}{2}\right)$ nicht vorkommen und in späteren auch nicht vorkommen können (§ 60).

Bilden die Reste keinerlei Perioden, so wird auch dann es für jede Zahl eine Grenze in der Restreihe geben, bis zu welcher sie vorgekommen sein muß, wenn sie überhaupt der Restreihe angehören soll. Damit ist die Richtung angedeutet, in welcher diese Untersuchungen fortzusetzen sind.

Anhang.

Tabelle aller ein- bis sechsstelligen Formanten zweiter bis elfter Ordnung.

Einrichtung der Tabelle.

Die folgende Tabelle dient zum Ablesen der A- und B-Formanten zweiter bis elfter Ordnung, soweit sie höchstens sechsstellige Zahlen sind. Sie ist zunächst für A-Formanten eingerichtet, welche in Zeilen von je zehn in ihnen angeordnet sind. Jede Kolonne enthält daher Formanten von Termen mit gleicher Einerstelle. Die Einerstelle ist daher am Kopf jeder Tabelle über den entsprechenden Kolonnen angebracht. Die Zehner der Terme dagegen stehen in der hinteren Randleiste, über welcher oben A steht.

Um die Tabelle gleichzeitig zur Auffindung der B-Formanten geeignet zu machen, ist am Kopf unter der Reihe der Einerstellen der A-Formanten eine zweite Reihe von Einerstellen für die B-Formanten angebracht. Die übereinanderstehenden Terme beider Reihen stehen zueinander in der Beziehung wie n (A-Formanten) zu $n-r+1$ (B-Formanten) wegen $\binom{n}{r} = \binom{n-r+1}{r}$, doch ist über den ersten Kolonnen, soweit $n < r-1$ und daher der Term der B-Formanten negativ werden würde, $10+n-r+1$ gesetzt. Die Kolonnen jeder Tabelle, mit deren Index in dieser Weise verfahren ist, sind von den übrigen Kolonnen durch einen stärkeren Strich getrennt, wodurch die Tabelle in zwei Seiten, eine linke und eine rechte zerfällt. Auf der rechten Seite sind die A- und B-Formanten von Termen mit gleichen Zehnern und entsprechenden Einern identisch. Auf der linken Seite dagegen steht die B-Formante um eine Zeile tiefer wie die A-Formante mit gleichen Zehnern und entsprechenden Einern. Darum sind die Zahlen der vorderen Randleiste, welche die Zehner der B-Formanten der linken Seite bedeuten, alle um eine Stelle gegen die der hinteren Randleiste verschoben. Über der vorderen Randleiste steht daher in gleicher Höhe mit den Einerstellen der B-Formanten der Buchstabe B.

Sucht man also A-Formanten oder zu A-Formanten die Terme, so hat man sich ausschließlich der hinteren Randleiste zu bedienen, die dann für die ganze Zeile ohne Rücksicht auf den Trennungsstrich gilt. Sucht man dagegen B-Formanten oder zu gegebenen B-Formanten die Terme, so gelten die der hinteren Randleiste für die rechte Seite, die der vorderen Randleiste für die linke Seite der Tabelle.

Da nun die B-Formanten zugleich die absoluten Beträge der A-Formanten mit negativem Term sind und umgekehrt auch die A-Formanten die der B-Formanten mit negativem Term, so dient die Tabelle zugleich auch der Ablesung der Formanten mit negativem Term. Es ist nur noch bei Formanten von **ungerader Ordnung** das **negative Vorzeichen** hinzuzufügen.

Über jeder Tabelle sind die Transformationsformeln der Formanten der betreffenden Ordnung angebracht.

Da die Formantentabelle insbesondere auch zur Berechnung der Potenzen der Zahlen dient, seien die Formeln der Potenzen (nach § 21) hier wiederholt:

$$x^2 = 2\binom{x}{2}+\binom{x}{1}$$

$$x^3 = 6\binom{x}{3}+6\binom{x}{2}+\binom{x}{1}=6\binom{x+1}{3}+\binom{x}{1}$$

$$x^4 = 24\binom{x}{4}+36\binom{x}{3}+14\binom{x}{2}+\binom{x}{1}$$

$$x^5 = 120\binom{x}{5}+240\binom{x}{4}+150\binom{x}{3}+30\binom{x}{2}+\binom{x}{1}$$

$$x^6 = 720\binom{x}{6}+1800\binom{x}{5}+1560\binom{x}{4}+540\binom{x}{3}+62\binom{x}{2}+\binom{x}{1}.$$

Die Tabelle gibt auch die **Formantenreste** nach den Moduln 10, 100, 1000, 10000 und 100000, nämlich in Form der letzten Stelle, der beiden, der drei, vier und fünf letzten Stellen jeder Formante. Sie zeigen die oben nachgewiesene Periodizität.

Diese Periodizität bietet, für den Fall einer Ausdehnung der Formantentabelle auf Zahlen mit mehr als sechs Stellen, die sich namentlich für Formanten höherer Ordnung als notwendig erweisen wird, ein willkommenes Mittel, die Tabelle so einzurichten, daß ihr Formanten mit mehr als sechs Stellen entnommen werden können, ohne daß sie größere als sechsstellige Zahlen enthält. Es geschieht durch Zerlegung der Formanten in zwei Teile, nämlich in ein Vielfaches einer Potenz von 10 und den Rest in derselben Potenz von 10, und durch die entsprechende Zerlegung der Tabelle in eine Tabelle der Hunderte, Tausende, Zehntausende oder höherer Potenzvielfache, und in eine Tabelle der Reste der Formanten in 100, 1000, 10000 oder höherer Potenzen. Die Tabelle der Reste hat in jedem Falle einen fest begrenzten Umfang, z. B. besteht die der Formantenreste zweiter Ordnung bei zweistelligen Resten aus 200 Zahlen (§ 45). Die Tabelle der Vielfache der Zehnerpotenzen findet ihre Grenze in den Raumverhältnissen der Tabelle. Am Schluß der folgenden Formantentabellen ist als Beispiel eine **Tabelle der Reste der Formanten zweiter Ordnung im Modul 100** abgedruckt. Man findet in ihr den Rest der Formante des Terms n, indem man den Rest von n in 200 bestimmt und die diesem Rest entsprechende Zahl in der Tabelle sucht.

Anhang. 129

2. O. $\binom{n}{2}=\left[\frac{n-1}{2}\right]$, $\left(\frac{-n}{2}\right)=\left[\frac{n+1}{2}\right]$, $\left[\frac{n}{2}\right]=\left(\frac{n+1}{2}\right)$, $\left[\frac{-n}{2}\right]=\left(\frac{n-1}{2}\right)$

B	0 9	1 0	2 1	3 2	4 3	5 4	6 5	7 6	8 7	9 8	A
0	0	0	1	3	6	10	15	21	28	36	0
0	45	55	66	78	91	105	120	136	153	171	1
1	190	210	231	253	276	300	325	351	378	406	2
2	435	465	496	528	561	595	630	666	703	741	3
3	780	820	861	903	946	990	1035	1081	1128	1176	4
4	1225	1275	1326	1378	1431	1485	1540	1596	1653	1711	5
5	1770	1830	1891	1953	2016	2080	2145	2211	2278	2346	6
6	2415	2485	2556	2628	2701	2775	2850	2926	3003	3081	7
7	3160	3240	3321	3403	3486	3570	3655	3741	3828	3916	8
8	4005	4095	4186	4278	4371	4465	4560	4656	4753	4851	9
9	4950	5050	5151	5253	5356	5460	5565	5671	5778	5886	10
10	5995	6105	6216	6328	6441	6555	6670	6786	6903	7021	11
11	7140	7260	7381	7503	7626	7750	7875	8001	8128	8256	12
12	8385	8515	8646	8778	8911	9045	9180	9316	9453	9591	13
13	9730	9870	10011	10153	10296	10440	10585	10731	10878	11026	14
14	11175	11325	11476	11628	11781	11935	12090	12246	12403	12561	15
15	12720	12880	13041	13203	13366	13530	13695	13861	14028	14196	16
16	14365	14535	14706	14878	15051	15225	15400	15576	15753	15931	17
17	16110	16290	16471	16653	16836	17020	17205	17391	17578	17766	18
18	17955	18145	18336	18528	18721	18915	19110	19306	19503	19701	19
19	19900	20100	20301	20503	20706	20910	21115	21321	21528	21736	20
20	21945	22155	22366	22578	22791	23005	23220	23436	23653	23871	21
21	24090	24310	24531	24753	24976	25200	25425	25651	25878	26106	22
22	26335	26565	26796	27028	27261	27495	27730	27966	28203	28441	23
23	28680	28920	29161	29403	29646	29890	30135	30381	30628	30876	24
24	31125	31375	31626	31878	32131	32385	32640	32896	33153	33411	25
25	33670	33930	34191	34453	34716	34980	35245	35511	35778	36046	26
26	36315	36585	36856	37128	37401	37675	37950	38226	38503	38781	27
27	39060	39340	39621	39903	40186	40470	40755	41041	41328	41616	28
28	41905	42195	42486	42778	43071	43365	43660	43956	44253	44551	29
29	44850	45150	45451	45753	46056	46360	46665	46971	47278	47586	30
30	47895	48205	48516	48828	49141	49455	49770	50086	50403	50721	31
31	51040	51360	51681	52003	52326	52650	52975	53301	53628	53956	32
32	54285	54615	54946	55278	55611	55945	56280	56616	56953	57291	33
33	57630	57970	58311	58653	58996	59340	59685	60031	60378	60726	34
34	61075	61425	61776	62128	62481	62835	63190	63546	63903	64261	35
35	64620	64980	65341	65703	66066	66430	66795	67161	67528	67896	36
36	68265	68635	69006	69378	69751	70125	70500	70876	71253	71631	37
37	72010	72390	72771	73153	73536	73920	74305	74691	75078	75466	38
38	75855	76245	76636	77028	77421	77815	78210	78606	79003	79401	39
39	79800	80200	80601	81003	81406	81810	82215	82621	83028	83436	40
40	83845	84255	84666	85078	85491	85905	86320	86736	87153	87571	41
41	87990	88410	88831	89253	89676	90100	90525	90951	91378	91806	42
42	92235	92665	93096	93528	93961	94395	94830	95266	95703	96141	43
43	96580	97020	97461	97903	98346	98790	99235	99681	100128	100576	44
44	101025	101475	101926	102378	102831	103285	103740	104196	104653	105111	45
45	105570	106030	106491	106953	107416	107880	108345	108811	109278	109746	46
46	110215	110685	111156	111628	112101	112575	113050	113526	114003	114481	47
47	114960	115440	115921	116403	116886	117370	117855	118341	118828	119316	48
48	119805	120295	120786	121278	121771	122265	122760	123256	123753	124251	49
49	124750	125250	125751	126253	126756	127260	127765	128271	128778	129286	50
50	129795	130305	130816	131328	131841	132355	132870	133386	133903	134421	51
51	134940	135460	135981	136503	137026	137550	138075	138601	139128	139656	52
52	140185	140715	141246	141778	142311	142845	143380	143916	144453	144991	53
53	145530	146070	146611	147153	147696	148240	148785	149331	149878	150426	54

Voigt, Theorie der Zahlenreihen. 9

Anhang.

2. O. $\left(\begin{array}{c}n\\2\end{array}\right)=\left[\begin{array}{c}n-1\\2\end{array}\right]$, $\left(\begin{array}{c}-n\\2\end{array}\right)=\left[\begin{array}{c}n+1\\2\end{array}\right]$, $\left[\begin{array}{c}n\\2\end{array}\right]=\left(\begin{array}{c}n+1\\2\end{array}\right)$, $\left[\begin{array}{c}-n\\2\end{array}\right]=\left(\begin{array}{c}n-1\\2\end{array}\right)$

B	0 9	1 0	2 1	3 2	4 3	5 4	6 5	7 6	8 7	9 8	A
54	150975	151525	152076	152628	153181	153735	154290	154846	155403	155961	55
55	156520	157080	157641	158203	158766	159330	159895	160461	161028	161596	56
56	162165	162735	163306	163878	164451	165025	165600	166176	166753	167331	57
57	167910	168490	169071	169653	170236	170820	171405	171991	172578	173166	58
58	173755	174345	174936	175528	176121	176715	177310	177906	178503	179101	59
59	179700	180300	180901	181503	182106	182710	183315	183921	184528	185136	60
60	185745	186355	186966	187578	188191	188805	189420	190036	190653	191271	61
61	191890	192510	193131	193753	194376	195000	195625	196251	196878	197506	62
62	198135	198765	199396	200028	200661	201295	201930	202566	203203	203841	63
63	204480	205120	205761	206403	207046	207690	208335	208981	209628	210276	64
64	210925	211575	212226	212878	213531	214185	214840	215496	216153	216811	65
65	217470	218130	218791	219453	220116	220780	221445	222111	222778	223446	66
66	224115	224785	225456	226128	226801	227475	228150	228826	229503	230181	67
67	230860	231540	232221	232903	233586	234270	234955	235641	236328	237016	68
68	237705	238395	239086	239778	240471	241165	241860	242556	243253	243951	69
69	244650	245350	246051	246753	247456	248160	248865	249571	250278	250986	70
70	251695	252405	253116	253828	254541	255255	255970	256686	257403	258121	71
71	258840	259560	260281	261003	261726	262450	263175	263901	264628	265356	72
72	266085	266815	267546	268278	269011	269745	270480	271216	271953	272691	73
73	273430	274170	274911	275653	276396	277140	277885	278631	279378	280126	74
74	280875	281625	282376	283128	283881	284635	285390	286146	286903	287661	75
75	288420	289180	289941	290703	291466	292230	292995	293761	294528	295296	76
76	296065	296835	297606	298378	299151	299925	300700	301476	302253	303031	77
77	303810	304590	305371	306153	306936	307720	308505	309291	310078	310866	78
78	311655	312445	313236	314028	314821	315615	316410	317206	318003	318801	79
79	319600	320400	321201	322003	322806	323610	324415	325221	326028	326836	80
80	327645	328455	329266	330078	330891	331705	332520	333336	334153	334971	81
81	335790	336610	337431	338253	339076	339900	340725	341551	342378	343206	82
82	344035	344865	345696	346528	347361	348195	349030	349866	350703	351541	83
83	352380	353220	354061	354903	355746	356590	357435	358281	359128	359976	84
84	360825	361675	362526	363378	364231	365085	365940	366796	367653	368511	85
85	369370	370230	371091	371953	372816	373680	374545	375411	376278	377146	86
86	378015	378885	379756	380628	381501	382375	383250	384126	385003	385881	87
87	386760	387640	388521	389403	390286	391170	392055	392941	393828	394716	88
88	395605	396495	397386	398278	399171	400065	400960	401856	402753	403651	89
89	404550	405450	406351	407253	408156	409060	409965	410871	411778	412686	90
90	413595	414505	415416	416328	417241	418155	419070	419986	420903	421821	91
91	422740	423660	424581	425503	426426	427350	428275	429201	430128	431056	92
92	431985	432915	433846	434778	435711	436645	437580	438516	439453	440391	93
93	441330	442270	443211	444153	445096	446040	446985	447931	448878	449826	94
94	450775	451725	452676	453628	454581	455535	456490	457446	458403	459361	95
95	460320	461280	462241	463203	464166	465130	466095	467061	468028	468996	96
96	469965	470935	471906	472878	473851	474825	475800	476776	477753	478731	97
97	479710	480690	481671	482653	483636	484620	485605	486591	487578	488566	98
98	489555	490545	491536	492528	493521	494515	495510	496506	497503	498501	99
99	499500	500500	501501	502503	503506	504510	505515	506521	507528	508536	100
100	509545	510555	511566	512578	513591	514605	515620	516636	517653	518671	101
101	519690	520710	521731	522753	523776	524800	525825	526851	527878	528906	102
102	529935	530965	531996	533028	534061	535095	536130	537166	538203	539241	103
103	540280	541320	542361	543403	544446	545490	546535	547581	548628	549676	104
104	550725	551775	552826	553878	554931	555985	557040	558096	559153	560211	105
105	561270	562330	563391	564453	565516	566580	567645	568711	569778	570846	106
106	571915	572985	574056	575128	576201	577275	578350	579426	580503	581581	107
107	582660	583740	584821	585903	586986	588070	589155	590241	591328	592416	108
108	593505	594595	595686	596778	597871	598965	600060	601156	602253	603351	109

Anhang. 131

2. O. $\binom{n}{2} = \left[\frac{n-1}{2}\right]$, $\binom{-n}{2} = \left[\frac{n+1}{2}\right]$, $\left[\frac{n}{2}\right] = \binom{n+1}{2}$, $\left[\frac{-n}{2}\right] = \binom{n-1}{2}$

B	0 9	1 0	2 1	3 2	4 3	5 4	6 5	7 6	8 7	9 8	A
109	604450	605550	606651	607753	608856	609960	611065	612171	613278	614386	110
110	615495	616605	617716	618828	619941	621055	622170	623286	624403	625521	111
111	626640	627760	628881	630003	631126	632250	633375	634501	635628	636756	112
112	637885	639015	640146	641278	642411	643545	644680	645816	646953	648091	113
113	649230	650370	651511	652653	653796	654940	656085	657231	658378	659526	114
114	660675	661825	662976	664128	665281	666435	667590	668746	669903	671061	115
115	672220	673380	674541	675703	676866	678030	679195	680361	681528	682696	116
116	683865	685035	686206	687378	688551	689725	690900	692076	693253	694431	117
117	695610	696790	697971	699153	700336	701520	702705	703891	705078	706266	118
118	707455	708645	709836	711028	712221	713415	714610	715806	717003	718201	119
119	719400	720600	721801	723003	724206	725410	726615	727821	729028	730236	120
120	731445	732655	733866	735078	736291	737505	738720	739936	741153	742371	121
121	743590	744810	746031	747253	748476	749700	750925	752151	753378	754606	122
122	755835	757065	758296	759528	760761	761995	763230	764466	765703	766941	123
123	768180	769420	770661	771903	773146	774390	775635	776881	778128	779376	124
124	780625	781875	783126	784378	785631	786885	788140	789396	790653	791911	125
125	793170	794430	795691	796953	798216	799480	800745	802011	803278	804546	126
126	805815	807085	808356	809628	810901	812175	813450	814726	816003	817281	127
127	818560	819840	821121	822403	823686	824970	826255	827541	828828	830116	128
128	831405	832695	833986	835278	836571	837865	839160	840456	841753	843051	129
129	844350	845650	846951	848253	849556	850860	852165	853471	854778	856086	130
130	857395	858705	860016	861328	862641	863955	865270	866586	867903	869221	131
131	870540	871860	873181	874503	875826	877150	878475	879801	881128	882456	132
132	883785	885115	886446	887778	889111	890445	891780	893116	894453	895791	133
133	897130	898470	899811	901153	902496	903840	905185	906531	907878	909226	134
134	910575	911925	913276	914628	915981	917335	918690	920046	921403	922761	135
135	924120	925480	926841	928203	929566	930930	932295	933661	935028	936396	136
136	937765	939135	940506	941878	943251	944625	946000	947376	948753	950131	137
137	951510	952890	954271	955653	957036	958420	959805	961191	962578	963966	138
138	965355	966745	968136	969528	970921	972315	973710	975106	976503	977901	139
139	979300	980700	982101	983503	984906	986310	987715	989121	990528	991936	140
140	993345	994755	996166	997578	998991						141

3. O. $\binom{n}{3} = \left[\frac{n-2}{3}\right]$, $\binom{-n}{3} = -\left[\frac{n+2}{3}\right]$, $\left[\frac{n}{3}\right] = \binom{n+2}{3}$, $\left[\frac{-n}{3}\right] = -\binom{n-2}{3}$

B	0 8	1 9	2 0	3 1	4 2	5 3	6 4	7 5	8 6	9 7	A
0	0	0	0	1	4	10	20	35	56	84	0
	120	165	220	286	364	455	560	680	816	969	1
1	1140	1330	1540	1771	2024	2300	2600	2925	3276	3654	2
2	4060	4495	4960	5456	5984	6545	7140	7770	8436	9139	3
3	9880	10660	11480	12341	13244	14190	15180	16215	17296	18424	4
4	19600	20825	22100	23426	24804	26235	27720	29260	30856	32509	5
5	34220	35990	37820	39711	41664	43680	45760	47905	50116	52394	6
6	54740	57155	59640	62196	64824	67525	70300	73150	76076	79079	7
7	82160	85320	88560	91881	95284	98770	102340	105995	109736	113564	8
8	117480	121485	125580	129766	134044	138415	142880	147440	152096	156849	9
9	161700	166650	171700	176851	182104	187460	192920	198485	204156	209934	10
10	215820	221815	227920	234136	240464	246905	253460	260130	266916	273819	11
11	280840	287980	295240	302621	310124	317750	325500	333375	341376	349504	12
12	357760	366145	374660	383306	392084	400995	410040	419220	428536	437989	13
13	447580	457310	467180	477191	487344	497640	508080	518665	529396	540274	14
14	551300	562475	573800	585276	596904	608685	620620	632710	644956	657359	15
15	669920	682640	695520	708561	721764	735130	748660	762355	776216	790244	16
16	804440	818805	833310	848046	862924	877975	893200	908600	924176	939929	17
17	955860	971970	988260								18

4. O. $\binom{n}{4} = \left[\frac{n-3}{4}\right]$, $\left(\frac{-n}{4}\right) = \left[\frac{n+3}{4}\right]$, $\frac{n}{4} = \left(\frac{n+3}{4}\right)$, $\frac{-n}{4} = \left(\frac{n-3}{4}\right)$

B	0 7	1 8	2 9	3 0	4 1	5 2	6 3	7 4	8 5	9 6	A
0	0	0	0	0	1	5	15	35	70	126	0
	210	330	495	715	1001	1365	1820	2380	3060	3876	1
1	4845	5985	7315	8855	10626	12650	14950	17550	20475	23751	2
2	27405	31465	35960	40920	46376	52360	58905	66045	73815	82251	3
3	91390	101270	111930	123410	135751	148995	163185	178365	194580	211876	4
4	230300	249900	270725	292825	316251	341055	367290	395010	424270	455126	5
5	487635	521855	557845	595665	635376	677040	720720	766480	814385	864501	6
6	916895	971635									7

5. O. $\binom{n}{5} = \left[\frac{n-4}{5}\right]$, $\left(\frac{-n}{5}\right) = -\left[\frac{n+4}{5}\right]$, $\frac{n}{5} = \left(\frac{n+4}{5}\right)$, $\frac{-n}{5} = -\left(\frac{n-4}{5}\right)$

B	0 6	1 7	2 8	3 9	4 0	5 1	6 2	7 3	8 4	9 5	A
0	0	0	0	0	0	1	6	21	56	126	0
	252	462	792	1287	2002	3003	4368	6188	8568	11628	1
1	15504	20349	26334	33649	42504	53130	65780	80730	98280	118755	2
2	142506	169911	201376	237336	278256	324632	376992	435897	501942	575757	3
3	658008	749398	850668	962598							4

6. O. $\binom{n}{6} = \frac{n-5}{6}$, $\left(\frac{-n}{6}\right) = \frac{n+5}{6}$, $\frac{n}{6} = \left(\frac{n+5}{6}\right)$, $\frac{-n}{6} = \left(\frac{n-5}{6}\right)$

B	0 5	1 6	2 7	3 8	4 9	5 0	6 1	7 2	8 3	9 4	A
0	0	0	0	0	0	0	1	7	28	84	0
	210	462	924	1716	3003	5005	8008	12376	18564	27132	1
1	38760	54264	74613	100947	134596	177100	230230	296010	376740	475020	2
2	593775	736281	906192								3

7. O. $\binom{n}{7} = \frac{n-6}{7}$, $\left(\frac{-n}{7}\right) = -\frac{n+6}{7}$, $\frac{n}{7} = \left(\frac{n+6}{7}\right)$, $\frac{-n}{7} = -\left(\frac{n-6}{7}\right)$

B	0 4	1 5	2 6	3 7	4 8	5 9	6 0	7 1	8 2	9 3	A
0	0	0	0	0	0	0	0	1	8	36	0
	120	330	792	1716	3432	6435	11440	19448	31824	50388	1
1	77520	116280	170544	245157	346104	480700	657800	888030			2

8. O. $\binom{n}{8} = \left[\frac{n-7}{8}\right]$, $\left(\frac{-n}{8}\right) = \frac{n+7}{8}$, $\frac{n}{8} = \left(\frac{n+7}{8}\right)$, $\frac{-n}{8} = \left(\frac{n-7}{8}\right)$

B	0 3	1 4	2 5	3 6	4 7	5 8	6 9	7 0	8 1	9 2	A
0	0	0	0	0	0	0	0	0	1	9	0
	45	165	495	1287	3003	6435	12870	24310	43758	75582	1
1	125970	203490	319770	490314	735471						2

Anhang.   133

9. O. $\binom{n}{9} = \left[\frac{n-8}{9}\right]$, $\left(\frac{-n}{9}\right) = -\left[\frac{n+8}{9}\right]$, $\left[\frac{n}{9}\right] = \left(\frac{n+8}{9}\right)$, $\left[\frac{-n}{9}\right] = -\left(\frac{n-8}{9}\right)$

B	0 2	1 3	2 4	3 5	4 6	5 7	6 8	7 9	8 0	9 1	A
0	0 10	0 55	0 220	0 715	0 2002	0 5005	0 11440	0 24310	0 48620	1 92378	0 1
1	167960	293930	497420	817190							2

10. O. $\binom{n}{10} = \left[\frac{n-9}{10}\right]$, $\left(\frac{-n}{10}\right) = -\left[\frac{n+9}{10}\right]$, $\left[\frac{n}{10}\right] = \left(\frac{n+9}{10}\right)$, $\left[\frac{-n}{10}\right] = -\left(\frac{n-9}{10}\right)$

B	0 1	1 2	2 3	3 4	4 5	5 6	6 7	7 8	8 9	9 0	A
0	0 1	0 11	0 66	0 286	0 1001	0 3003	0 8008	0 19448	0 43758	0 92378	0 1
1	184756	352716	646646								2

11. O. $\binom{n}{11} = \left[\frac{n-10}{11}\right]$, $\left(\frac{-n}{11}\right) = -\left[\frac{n+10}{11}\right]$, $\left[\frac{n}{11}\right] = \left(\frac{n+10}{11}\right)$, $\left[\frac{-n}{11}\right] = -\left(\frac{n-10}{11}\right)$

B	0 0	1 1	2 2	3 3	4 4	5 5	6 6	7 7	8 8	9 9	A
0	0 0	0 1	0 12	0 78	0 364	0 1365	0 4368	0 12376	0 31824	0 75582	0 1
1	167960	352716	705432								2

Die Reste der Formanten zweiter Ordnung in 100.

B	0 9	1 0	2 1	3 2	4 3	5 4	6 5	7 6	8 7	9 8	A
	00	00	01	03	06	10	15	21	28	36	0
0	45	55	66	78	91	05	20	36	53	71	1
1	90	10	31	53	76	00	25	51	78	06	2
2	35	65	96	28	61	95	30	66	03	41	3
3	80	20	61	03	46	90	35	81	28	76	4
4	25	75	26	78	31	85	40	96	53	11	5
5	70	30	91	53	16	80	45	11	78	46	6
6	15	85	56	28	01	75	50	26	03	81	7
7	60	40	21	03	86	70	55	41	28	16	8
8	05	95	86	78	71	65	60	56	53	51	9
9	50	50	51	53	56	60	65	71	78	86	10
10	95	05	16	28	41	55	70	86	03	21	11
11	40	60	81	03	26	50	75	01	28	56	12
12	85	15	46	78	11	45	80	16	53	91	13
13	30	70	11	53	96	40	85	31	78	26	14
14	75	25	76	28	81	35	90	46	03	61	15
15	20	80	41	03	66	30	95	61	28	96	16
16	65	35	06	78	51	25	00	76	53	31	17
17	10	90	71	53	36	20	05	91	78	66	18
18	55	45	36	28	21	15	10	06	03	01	19
19	00										20

www.ingramcontent.com/pod-product-compliance
Lightning Source LLC
Chambersburg PA
CBHW020418230426
43663CB00007BA/1225